Ravi K. Dwivedi
Rajan Kumar

Práticas de Poka-Yoke na linha de montagem automóvel

Ravi K. Dwivedi
Rajan Kumar

Práticas de Poka-Yoke na linha de montagem automóvel

ScienciaScripts

Imprint

Cover image: www.ingimage.com

This book is a translation from the original published under ISBN 978-620-2-07770-5.

Publisher:
Sciencia Scripts
is a trademark of
Dodo Books Indian Ocean Ltd. and OmniScriptum S.R.L publishing group

120 High Road, East Finchley, London, N2 9ED, United Kingdom
Str. Armeneasca 28/1, office 1, Chisinau MD-2012, Republic of Moldova, Europe
Printed at: see last page
ISBN: 978-620-7-96344-7

Conteúdo

CAPÍTULO 1

INTRODUÇÃO

1. Introdução

Na economia global atual, a sobrevivência das empresas depende da sua capacidade de inovar e melhorar rapidamente. Consequentemente, há uma procura crescente de métodos e processos que conduzam a melhorias na qualidade, nos custos e na produtividade. No mercado atual, em rápida mudança, as melhorias lentas e constantes nas operações de fabrico não garantirão a rentabilidade ou a sobrevivência. As empresas devem melhorar a um ritmo mais rápido do que a concorrência se quiserem tornar-se ou permanecer líderes na sua indústria. Os produtos, práticas e métodos ocidentais foram durante muito tempo considerados os melhores do mundo. Esta perceção está em constante mudança devido à nova concorrência e às pressões económicas. A arrogância ou a autoconfiança devastaram sectores específicos da base produtiva ocidental. Por exemplo, os japoneses são agora os donos da indústria eletrónica de consumo. As mudanças na indústria automóvel estão bem documentadas e, pela primeira vez, as indústrias dominadas pelo Ocidente, como a informática e a aviação, enfrentam sérios desafios por parte de concorrentes estrangeiros. Outras empresas e culturas provaram que podem competir com sucesso no mercado mundial com a produção ocidental. Para fazer face a este desafio, os líderes de empresas esclarecidos estão a avaliar o desempenho e os processos de melhoria das suas organizações em relação aos concorrentes nacionais e internacionais. Estão a adotar e a adaptar as melhores práticas de fabrico e processos de melhoria. Como parte destes esforços de benchmarking, a Manutenção Produtiva Total (MPT) foi identificada como um dos melhores processos de melhoria do fabrico. A TPM é um processo complexo e de longo prazo que deve ser vendido à força de trabalho como uma metodologia legítima de melhoria. Para que o TPM seja bem sucedido em qualquer indústria, tanto a gerência como a força de trabalho devem abordar as questões estrategicamente enquanto operam num ambiente de confiança e organização. O processo de melhoria deve ser reconhecido como benéfico tanto para a empresa como para os trabalhadores. A responsabilidade final pelo sucesso ou fracasso do processo TPM recai mais sobre a gerência do que sobre os funcionários da fábrica. O TPM enraizou-se na indústria automóvel e rapidamente se tornou parte da cultura corporativa de empresas como a Toyota, a Nissan e a Mazda, bem como dos seus fornecedores, como a Nippondenso. Foi também introduzida por outras indústrias, como a dos consumidores, dos electrodomésticos, da microeletrónica, das máquinas-ferramentas, dos plásticos e muitas outras. Tendo introduzido a Manutenção Preventiva, as indústrias de processo começaram então a implementar a TPM. Foram efectuados alguns estudos na área da TPM para investigar a relação da TPM com o desempenho da produção e o desempenho da empresa, por exemplo: Brah& Chong (2004); Seth &Tripathi (2005); Tsarouhas, 2007; Ahuja&Khamba, 2007; Ahuja& Kumar, 2009; Damiana&Ghirardo, 2010. Além disso, foram realizados alguns estudos que abordam as questões da implementação do TPM; os estudos estavam relacionados com o benchmarking das práticas de implementação para explorar áreas-chave (Damiana&Ghirardo, 2010), a identificação de factores críticos (Seth &Tripathi, 2005); e estratégias para apoiar a sua implementação (Seng et al., 2005); e a incapacidade da organização para evitar a resistência à mudança (Ahuja&Khamba, 2008 b). A relação da TPM com o desempenho empresarial também foi abordada em alguns estudos (Bamber, Sharp & Hides, 1999; Cooke, 2000; Tsang & Chan, 2000; Jurice et al., 2006). No entanto, os departamentos administrativos e de apoio, embora apoiem ativamente a TPM na produção, estão agora a aplicar a TPM para melhorar a eficácia das suas próprias actividades. Os métodos e actividades de melhoria da TPM estão também a ser adoptados nos departamentos de desenvolvimento de produtos e de vendas. Esta última tendência sublinha a tendência crescente para considerar os processos de produção e o equipamento na fase de desenvolvimento do produto, num esforço para simplificar a produção, melhorar a garantia de qualidade e melhorar e reduzir o período de arranque da nova produção. Estas questões são particularmente preocupantes, sobretudo nas indústrias de transformação actuais, uma vez que a diversificação dos produtos é contínua e o seu ciclo de vida diminui. O interesse pela TPM fora do Japão também se expandiu nos últimos anos. Muitas empresas nos Estados Unidos, na Europa, na Ásia e na América do Sul estão a planear ou estão agora a seguir ativamente a TPM.

1.1 Manutenção Lean: Lean Manufacturing e Lean Maintenance

O Lean Manufacturing começou como o Sistema de Produção da Toyota (TPS), desenvolvido nos anos 40 e seguintes, principalmente por Shigeo Shingo (1989) e TaiichiOhno (1988), na Toyoda (agora Toyota) Motor Car Company.Toyoda começou por fabricar teares para o fabrico de tecidos, e depois ramificou-se para as bicicletas antes da Segunda Guerra Mundial. Com o tempo, a Toyoda (agora Toyota) começou a fabricar motores, pequenos veículos de distribuição, camiões e automóveis. Perdendo a face, a Direção Geral demitiu-se e/ou mudou de atitude. Eles mudaram o nome da empresa (Toyoda para Toyota), concederam aos trabalhadores emprego vitalício e iniciaram um programa agressivo de melhoria para tentar recuperar o caminho do quase esquecimento. As motivações para o TPS estavam agora estabelecidas. Rapidamente começaram a surgir as ferramentas e técnicas que aliviaram as frustrações com as formas antigas e ineficientes e permitiram à Toyota atingir os seus objectivos de TPS.

Os engenheiros da Toyota inspiraram-se em Henry Ford - inventor da linha de montagem, Taylor - inventor das "Técnicas Modernas de Gestão e Engenharia Industrial", e no Dr. W. Edwards Deming - "Pai da Gestão Moderna da Qualidade". Com a invasão do mercado norte-americano pela Volkswagen, nos anos 60, e pela Toyota, nos anos 70, e com uma recessão mundial, a indústria automóvel norte-americana foi alvo de grandes mudanças e desestabilização. Os vigilantes norte-americanos do sector automóvel procuravam uma explicação para o facto de a Toyota poder fabricar um automóvel, enviá-lo para a América do Norte e vendê-lo mais depressa e mais barato do que os veículos fabricados no país. As enormes tarifas de importação e as restrições à importação não impediram o fluxo desses carros baratos e desejáveis. Com o tempo, a qualidade dos veículos, definida pela sua fiabilidade e longevidade na estrada, aumentou rapidamente. Os veículos japoneses inovaram a um ritmo extremamente rápido, ao passo que os veículos concebidos e construídos na América do Norte tendiam a mudar a um ritmo muito lento.

Hoje em dia, o Lean Thinking (novamente reinventado de modo a indicar que as mesmas técnicas podem ser utilizadas em bancos, organizações de serviços, hospitais e todo o tipo de sistemas empresariais) está a ser utilizado em todo o mundo num número crescente de organizações. É aplicada no ponto de contacto com os clientes, bem como no trabalho de bastidores. Aplica-se aos gabinetes de engenharia e design, bem como ao fluxo de tráfego nos centros urbanos. Embora seja mais conhecido pelas suas ferramentas, o Lean Manufacturing é, antes de mais, uma filosofia e um modo de vida. É um compromisso para com a melhoria contínua e a satisfação do cliente, baseado numa mudança planeada, controlada e medida. O Lean Manufacturing é um sistema que busca a perfeição. Os objectivos geralmente definidos são a redução dos prazos e dos custos e a entrega atempada de bens e serviços de qualidade aos clientes. NÃO é, como muitos o descrevem ironicamente, simplesmente um eufemismo para empurrar o inventário de volta para o fornecedor. O Lean Manufacturing é um compromisso de toda a empresa, ao longo da cadeia de fornecimento, para: eliminação de todos os desperdícios; serviço ao cliente; e melhoria contínua.

Muitas empresas concentram-se nas ferramentas: Cinco S, Padronizar o Trabalho, Kaizen (melhoria contínua), Kanban (sinal), Poka-Yoke (à prova de erros), SMED (troca de molde em um único minuto) e TPM. As ferramentas em si, no entanto, não são o ponto nem o objetivo do Lean. As ferramentas são meramente um meio para um fim, e uma compreensão clara do fim é crucial para o sucesso com o Lean. Como muitas pessoas gostam de soluções "bala de prata", no entanto, o uso das ferramentas é muitas vezes confundido com ser realmente Lean. Uma empresa em transição para o Lean

A indústria transformadora não disporá de uma base sólida de apoio à manutenção sem primeiro implementar as mudanças necessárias e fundamentais na operação de manutenção. Os elementos de base, em particular a TPM, devem estar implementados antes de uma organização poder efetivamente construir a pirâmide de gestão da manutenção com elementos como a manutenção autónoma e antes de poder sustentar a melhoria contínua. A manutenção enxuta é um pré-requisito para o sucesso de um fabricante enxuto, Mather (2005). A manutenção "lean" é definida como uma operação de manutenção pró-ativa que emprega actividades de manutenção planeadas e programadas, práticas de TPM que utilizam estratégias de manutenção desenvolvidas através da aplicação da lógica de decisão da manutenção com base na fiabilidade (RCM) e praticadas por equipas de ação capacitadas (auto-dirigidas) que utilizam o processo 5S, eventos semanais de melhoria Kaizen e manutenção autónoma, juntamente com manutenção multi-qualificada executada por técnicos de manutenção através da utilização empenhada do seu sistema de ordens de trabalho e do seu sistema de manutenção gerido por computador (CMMS) ou sistema de gestão de activos empresariais (EAM). São apoiados por um armazém de manutenção/MRO (Maintenance, Repairs, Operations) distribuído e enxuto que fornece peças e materiais numa base just-in-time (JIT) e apoiados por um grupo de engenharia de manutenção e fiabilidade que efectua análises de falhas por causas profundas (RCFA), análises de peças avariadas, análises de eficácia dos procedimentos de manutenção, análises de manutenção preditiva (Pd.M.) e tendências e análises dos resultados da monitorização do estado. Isto é, em poucas palavras, a manutenção lean.

Durante a última década, o fenómeno "LEAN" permitiu que as indústrias transformadoras aumentassem consideravelmente os seus níveis de rentabilidade e produtividade. O Lean, combinado com outras iniciativas, como o TPM, permitiu que essas empresas se concentrassem na eficiência de seus processos de produção; eficiência como sendo "produtivo sem desperdício". Recentemente, vimos muitas consultorias e empresas começarem a falar de termos como "Manutenção Lean", uma tentativa de trazer a mesma abordagem de melhoria da eficiência para o mundo da gestão de activos físicos.

O raciocínio subjacente é louvável e muitas empresas puderam beneficiar grandemente do enfoque na eliminação de resíduos que o LEAN promove. O problema é que os mesmos princípios fundamentais foram trazidos diretamente do ambiente de produção para o ambiente de manutenção de activos. As mesmas sete áreas de desperdício, as mesmas iniciativas, tais como a gestão de stocks just-in-time, e o mesmo tipo de enfoque no dia a dia sem incluir um enfoque a longo prazo. A razão pela qual uma abordagem de manutenção "lean" não pode ser apenas uma imagem espelhada de uma abordagem de produção "lean" prende-se com o facto de a dinâmica empresarial da manutenção de activos e a da produção serem fundamentalmente diferentes. Algumas das diferenças abaixo referidas ajudarão a compreender: porque é que a manutenção LEAN necessita de um enfoque diferente do da produção LEAN e qual deverá ser?

1. Os planos de produção são orientados pelas previsões de vendas e, a curto prazo, pelas encomendas de vendas. Isto significa que são orientados por um calendário exato de trabalhos. A manutenção de activos, por outro lado, é orientada, em parte, por um calendário de trabalhos de rotina e, em parte, pela probabilidade de falha dos activos, o que significa que iniciativas como a gestão de inventário JIT têm apenas uma capacidade limitada para ajudar a eficiência do processo de manutenção. Questões como a gestão do inventário "just-in-case" são muito mais importantes. Este facto tem implicações não só na área das operações, mas em toda a cadeia de abastecimento. Muitas vezes, a melhoria de uma cadeia de abastecimento baseia-se no "como compramos", mas a natureza probabilística da manutenção de activos significa também que temos de pensar no "porque compramos".

2. A eficiência da produção é obtida quase inteiramente através das operações actuais. Assim, ser "produtivo sem desperdício" é pensado em termos das actividades quotidianas envolvidas na gestão dos processos de produção - e com razão. O facto de a manutenção de activos ser "produtiva sem desperdícios" tem uma perspetiva temporal adicional. Uma grande parte de qualquer manutenção de activos gasta ao longo do tempo está relacionada com os intervalos de substituição e renovação de activos. Dependendo do tipo de instalação, estes são frequentemente custos de grande escala, a par da aquisição inicial de equipamento em termos de magnitude. Assim, "produzir sem desperdício" significa não substituir estes activos demasiado cedo e, muitas vezes, não permitir que falhem completamente antes da substituição. Para ser verdadeiramente eficiente, a gestão tem de controlar uma série de questões relacionadas com a utilização dos activos, o tipo, a vida útil prevista e outras questões. Por exemplo, uma máquina sujeita a situações regulares de sobrecarga terá provavelmente uma esperança de vida mais curta, o que significa que o capital terá de ser gasto numa fase mais precoce do que se pensava anteriormente.

3. A última questão a explorar aqui é a da gestão e recolha de dados. A melhoria dos processos de produção pode muitas vezes ser feita através do registo e da atuação com base em informações operacionais dinâmicas. A gestão e a recolha de dados também são úteis na manutenção de activos, mas a gestão também precisa de ser capaz de prever com confiança as despesas no futuro e a forma como estas são afectadas pelas actividades actuais. Para tal, são necessários outros dados para além dos dados operacionais dinâmicos. São também necessários dados estáticos sobre o tipo, a localização e a idade do equipamento, bem como uma série de dados relativos às taxas de avaria, ao estado dos activos e a outras áreas. Embora pareça simples, quando esta tarefa não é gerida corretamente, pode representar uma enorme pressão sobre os recursos do departamento de manutenção de activos.

Eis uma lista de algumas das actividades que geram desperdício na manutenção

ocorre que a manutenção Lean precisa de se concentrar:

I. **Trabalho improdutivo -** Fazer eficientemente trabalho que não precisa de ser feito!

II. **Atrasos no movimento -** Tempos de espera, atrasos à espera de peças, máquinas, pessoas, etc.

III. Deslocações **desnecessárias -** Deslocações desnecessárias, idas a lojas de ferramentas ou oficinas, procura de artigos, deslocação de postos de trabalho móveis sem razão aparente.

IV. **Má gestão do inventário -** Não conseguir ter as peças certas no momento certo. Uma área complexa que pode causar muitas das outras áreas de desperdício desta lista.

V. **Trabalho -** Ter de repetir tarefas, ou fazer tarefas adicionais, como resultado de um mau trabalho.

VI. **Subutilização das pessoas -** Utilizar as pessoas até ao limite das suas qualificações e não até ao limite das suas capacidades!

VII. **Gestão ineficaz dos dados** - Recolha de dados que não têm qualquer utilidade ou não recolha de dados que são vitais.

VIII. **Aplicação** incorrecta **das máquinas** - Funcionamento incorreto ou estratégias operacionais deliberadas que conduzem à realização de trabalhos de manutenção quando não é necessário.

1.2 Ferramentas do sistema Lean Manufacturing

O que se segue é uma coleção de 25 ferramentas lean essenciais. Cada ferramenta é destilada numa descrição simples do que é e como ajuda.

Quadro 1.1Ferramentas do lean manufacturing

S. Não.	Ferramentas Lean	O que é?	Como é que ajuda?
1.	5S	Organizar a área de trabalho: Ordenar (eliminar o que não é necessário) Colocar em ordem (organizar os restantes itens) ▪ Dar brilho (limpar e inspecionar a área de trabalho) ▪ Normalizar (redigir normas para os itens acima) ▪ Manter (aplicar regularmente as normas)	Elimina o desperdício que resulta de uma área de trabalho mal organizada (por exemplo, perder tempo à procura de uma ferramenta).
2.	Andon	Sistema de feedback visual para o chão de fábrica que indica o estado da produção, alerta quando é necessária assistência e permite aos operadores interromper o processo de produção.	Actua como uma ferramenta de comunicação em tempo real para o chão de fábrica que chama a atenção imediata para os problemas à medida que estes ocorrem - para que possam ser resolvidos instantaneamente.

3.	**Gargalo Análise**	Identificar qual a parte do processo de fabrico que limita o rendimento global e melhorar o desempenho dessa parte do processo.	Melhora o rendimento reforçando o elo mais fraco do processo de fabrico.
4.	**Poka-Yoke (Erro Prova)**	Conceber a deteção e prevenção de erros nos processos de produção com o objetivo de atingir zero defeitos.	É difícil (e dispendioso) encontrar todos os defeitos através da inspeção, e a correção dos defeitos torna-se normalmente mais dispendiosa em cada fase da produção.
5.	**Em geral Equipamento Eficácia (OEE)**	Quadro para medir a perda de produtividade de um determinado processo de fabrico. São registadas três categorias de perdas: Disponibilidade (por exemplo, tempo de paragem) Desempenho (por exemplo, ciclos lentos) ■ Qualidade (por exemplo, rejeições)	Fornece uma referência/base e um meio para acompanhar o progresso na eliminação de desperdícios de um processo de fabrico. 100% OEE significa uma produção perfeita (fabricar apenas peças boas, o mais rapidamente possível, sem tempo de paragem).
6.	**PDCA (Planear, Fazer, Verificar, Agir)**	Uma metodologia iterativa para a implementação de melhorias: ■ Plano (estabelecer o plano e os resultados esperados) ■ Fazer (implementar o plano)	Aplica uma abordagem científica para efetuar melhorias: ■ Planear (desenvolver uma hipótese) ■ Fazer (executar a

		■ Controlo (verificar se os resultados esperados foram alcançados) ■ Agir (rever e avaliar; fazer de novo)	experiência) ■ Verificar (avaliar resultados) ■ Agir (aperfeiçoar a experiência; tentar novamente)
7.	**Kaizen (Melhoria Contínua)**	Uma estratégia em que os funcionários trabalham em conjunto de forma proactiva para alcançar melhorias regulares e incrementais no processo de fabrico.	Uma estratégia em que os trabalhadores trabalham em conjunto, de forma proactiva, para alcançar melhorias regulares e incrementais no processo de fabrico.
8.	**Just-In-Time (JIT)**	Puxar peças através da produção com base na procura do cliente em vez de empurrar peças através da produção com base na procura projectada. Baseia-se em muitas ferramentas lean, como o Fluxo Contínuo, Heijunka, Kanban, Trabalho Padronizado e Takt Time.	Altamente eficaz na redução dos níveis de inventário. Melhora o fluxo de caixa e reduz as necessidades de espaço.
9.	**Jidoka (Autonomia)**	Conceber equipamento para automatizar parcialmente o processo de fabrico (a automatização parcial é normalmente muito menos dispendiosa do que a automatização total) e para parar automaticamente quando são detectados defeitos.	Após o Jidoka, os trabalhadores podem monitorizar frequentemente várias estações (reduzindo os custos de mão de obra) e muitos problemas de qualidade podem ser detectados imediatamente (melhorando a qualidade).
10.	**Contínuo**	Fabrico em que o trabalho em curso flui suavemente através da	Elimina muitas formas de desperdício (por exemplo,

	Fluxo	produção, com um mínimo (ou nenhum) intervalo entre as etapas do processo de fabrico.	inventário, tempo de espera e transporte)
11.	**Gemba (O Lugar real)**	Uma filosofia que nos lembra de sair dos nossos escritórios e passar algum tempo no chão da fábrica - o local onde a verdadeira ação ocorre.	Promove uma compreensão profunda e exaustiva dos problemas de fabrico do mundo real - através da observação em primeira mão e conversando com os funcionários da fábrica.
12.	**Heijunka (Programação de níveis)**	Uma forma de planeamento da produção que fabrica propositadamente em lotes muito mais pequenos, sequenciando (misturando) variantes de produtos dentro do mesmo processo.	Reduz os prazos de entrega (uma vez que cada produto ou variante é fabricado com maior frequência) e o inventário (uma vez que os lotes são mais pequenos).
13.	**HoshinKanri (Implementação de políticas)**	Alinhar os objectivos da empresa (Estratégia) com os planos da gestão intermédia (Tática) e o trabalho realizado na fábrica (Ação).	Assegura que o progresso em direção aos objectivos estratégicos é consistente e completo - eliminando o desperdício resultante de uma comunicação deficiente e de uma direção inconsistente.
14.	**Muda (Resíduos)**	Tudo o que, no processo de fabrico, não acrescenta valor do ponto de vista do cliente.	A eliminação do muda (desperdício) é o principal objetivo do lean manufacturing.
15.	**Minuto único Troca de Morrer (SMED)**	Reduzir o tempo de preparação (mudança) para menos de 10 minutos. As técnicas incluem: Converter os passos de	Permite o fabrico em lotes mais pequenos, reduz o inventário e melhora a capacidade de resposta ao cliente.

		configuração para serem externos (realizados enquanto o processo está a decorrer) Simplificar a configuração interna (por exemplo, substituir os parafusos por botões e alavancas) Eliminar operações essenciais não ■ Criar instruções de trabalho normalizadas	
16.	**Seis grandes perdas**	Seis categorias de perda de produtividade que se verificam quase universalmente na indústria transformadora: ■ Avarias ■ Configuração/Ajustes ■ Pequenas paragens ■ Velocidade reduzida ■ Rejeições de arranque ■ Rejeições de produção	Fornece um quadro para atacar as causas mais comuns de desperdício na indústria transformadora.
17.	**Objectivos SMART**	Objectivos que sejam: Específicos, Mensuráveis, Atingíveis, Relevantes e Específicos no Tempo.	Ajuda a garantir a eficácia dos objectivos.
18.	**Normalizado Trabalho**	Procedimentos documentados para o fabrico que captam as melhores práticas (incluindo o tempo para completar cada	Elimina o desperdício através da aplicação consistente das melhores práticas. Forma uma base de referência para futuras

		tarefa). Deve ser uma documentação "viva" que seja fácil de alterar.	actividades de melhoria.
19.	**Tempo de cadência**	O ritmo de produção (por exemplo, fabricar uma peça a cada 34 segundos) que alinha a produção com a procura do cliente. Calculado como Tempo de produção planeado / Procura do cliente.	Fornece um método simples, consistente e intuitivo de controlo da produção. É facilmente alargado para fornecer um objetivo de eficiência para o chão de fábrica (Peças reais / Peças alvo).
20.	**Total Produtivo Manutenção (TPM)**	Uma abordagem holística à manutenção que se centra na manutenção proactiva e preventiva para maximizar o tempo de funcionamento do equipamento. A TPM esbate a distinção entre manutenção e produção, colocando uma forte ênfase na capacitação dos operadores para ajudarem a manter o seu equipamento.	Cria uma responsabilidade partilhada pelo equipamento que incentiva um maior envolvimento dos trabalhadores da fábrica. No ambiente certo, isto pode ser muito eficaz para melhorar a produtividade (aumentando o tempo de atividade, reduzindo os tempos de ciclo e eliminando defeitos).
21.	**Fluxo de valor Cartografia**	Uma ferramenta utilizada para mapear visualmente o fluxo de produção. Mostra o estado atual e futuro dos processos de forma a destacar as oportunidades de melhoria.	Expõe o desperdício nos processos actuais e fornece um roteiro para a melhoria através do estado futuro.
22.	**Fábrica visual**	Indicadores visuais, ecrãs e	Torna o estado e a condição dos

		controlos utilizados nas fábricas para melhorar a comunicação da informação.	processos de fabrico facilmente acessíveis e muito claros - para todos.

1.3 História e definição de Poka-yoke

1.3.1 História

Foi no ano de 1961 que o Dr. Shigeo Shingo, um engenheiro industrial da Toyota Motor Corporation, introduziu o conceito de poka-yoke. Com base na sua longa experiência e observações, Shingo desenvolveu o conceito de poka-yoke e transformou-o de uma ideia numa ferramenta formidável; uma ferramenta para atingir zero defeitos e, eventualmente, eliminar a necessidade de inspecções de controlo de qualidade. Desde então, os "pokayokes" têm sido uma parte integrante dos sistemas japoneses de qualidade e fabrico. (Manivannan, 2006; Shimbun, 1988).

Nos seus primórdios, o termo *poka-yoke* era conhecido como *baka-yoke,* que significa "à prova de idiotas". Do ponto de vista do operador, este termo não era muito atrativo, devido à conotação desonrosa e ofensiva do termo. Logo após o episódio do nome numa das fábricas de automóveis japonesas em 1963, o termo para descrever esta metodologia foi alterado para poka-yoke. O termo "poka-yoke" significa à prova de erros, referindo-se originalmente a dispositivos que servem para evitar (ou provar, em japonês "yoke") o tipo de erros inadvertidos ("poka" em japonês) que qualquer pessoa pode cometer. (Manivannan, 2006; Shingo, 1986).

1.3.2 Definição "A ideia original do poka-yoke é respeitar a inteligência dos trabalhadores. Os poka-yokes destinam-se a libertar o tempo e a mente dos trabalhadores para actividades mais criativas e de valor acrescentado" - N.K. Shimbun, 1988

"A correção de erros não é tanto uma "ferramenta" lean, mas sim uma forma de pensar e avaliar os problemas. Baseia-se na filosofia de que as pessoas não cometem erros intencionalmente ou executam o trabalho incorretamente, mas por várias razões os erros podem ocorrer e ocorrem" - J.K Liker e D. Meier, 2006

"Defeitos = 0 é absolutamente possível" - Shigeo Shingo, 1986

1.4 Tipos de Poka yoke

O Poka-Yoke é uma técnica inovadora para evitar erros humanos no trabalho. Um defeito ou imperfeição existe num de dois estados: o defeito já ocorreu, o que exige a deteção de defeitos, ou está prestes a ocorrer, o que exige a previsão de defeitos. A técnica começa por analisar o processo para detetar potenciais problemas, identificando peças pelas caraterísticas de dimensão, forma e tamanho e peso, detectando desvios do processo em relação aos procedimentos e normas nominais. Dependendo da funcionalidade básica, o Poka-yoke tem três tipos

1. Encerramento Poka yoke
2. Controlo Poka yoke
3. Aviso Poka yoke

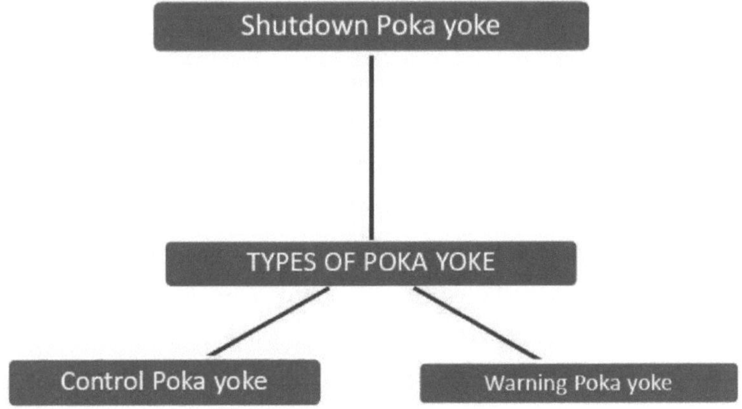

Fig 1.1Tipos de Poka-Yoke

1.4.1 Método de paragem (prevenção)

No encerramento, ou seja, no método de prevenção, os dispositivos Poka-yoke verificam os parâmetros críticos do processo e encerram o processo quando uma situação sai da zona de tolerância, o que indica que um produto defeituoso foi produzido ou está prestes a ser produzido. [2] É sabido que é sempre melhor prevenir do que remediar. Ao implementar o método de paragem, podemos garantir produtos 100% isentos de defeitos [1]. Tem 0 % de probabilidades de produzir produtos defeituosos, até este nível podemos confiar nele [2]. Quando há um curto-circuito, o fusível é acionado e corta o fornecimento de eletricidade, evitando assim mais acidentes.

1.4.2 Método de controlo

No método de controlo, os dispositivos Poka-yoke são dispositivos de regulação em funcionamento instalados no equipamento de processo e/ou nas peças de trabalho que tornam impossível a produção de defeitos e/ou o fluxo de um produto não conforme para o processo seguinte[2]. [1] O controlo garante que, se houver algum defeito, este não sai da linha de produção e não chega ao cliente. Por exemplo, para evitar qualquer carregamento errado de trabalho em sentido inverso na máquina, podemos fornecer descanso de trabalho para o trabalho, o que evitará o carregamento errado de trabalho.

1.4.3 Método de aviso (alerta)

Este é o método que torna o operador consciente de que algo está a correr mal. O mecanismo ou ideia simples é gerado de tal forma que os dispositivos Poka-yoke indicam ou mostram a um trabalhador que foi produzido um defeito. Quando os operadores recebem este aviso, devem interferir imediatamente no processo para corrigir o(s) processo(s) responsável(eis) pelo defeito. Em caso de comportamento irresponsável do operador, independentemente da receção do aviso, os produtos seguintes continuarão com o mesmo defeito e produzirão produtos não conformes. [2] Em suma, o método de aviso (alerta) depende da natureza e do comportamento humano. Conclui-se que o método de alerta dá 30% da garantia de bons produtos. De facto, o método de aviso informa sobre a existência de um defeito, mas não garante nem produz 100% de qualidade. [Os métodos de aviso mais comuns são a utilização de uma luz intermitente e a utilização de um sinal sonoro como alarme. Por exemplo, um sinal sonoro ou uma luz intermitente numa máquina ATM depois de retirar o cartão ATM da máquina para avisar o operador de que está seguro e garantir que o cartão não está na máquina. Uma vez que a direção de topo decide implementar a cultura TPM na organização, para compensar com êxito os produtos sem defeitos, deve seguir-se a seguinte metodologia

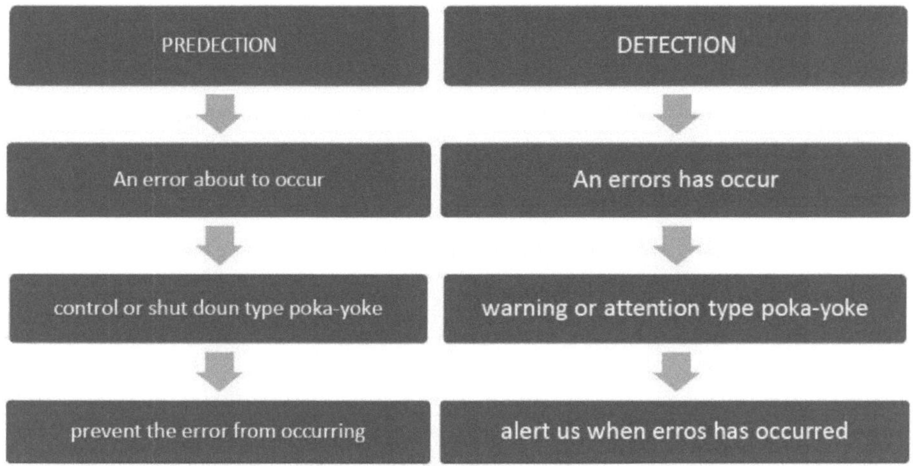

Fig 1.2 Método de aviso (alerta)

1.5 Erros e defeitos na impermeabilização

Para se ter uma compreensão completa da proteção contra erros, é necessário compreender por que razão os erros ocorrem e quais os factores humanos que tornam os erros menos prováveis (Stewart & Grout, 2001). Para além disso, é discutido o significado das palavras "erro", "defeito" e "erro" no contexto da proteção contra erros.

Shingo fez uma distinção clara entre um erro e um defeito. Os erros são inevitáveis; as pessoas são humanas e não se pode esperar que estejam sempre concentradas, ou que compreendam sempre completamente as instruções que lhes são dadas. Os defeitos resultam do facto de se permitir que um erro chegue ao cliente, pelo que são totalmente evitáveis (Fisher, 1999). Manivannan (2007) define que um *defeito* é qualquer desvio das especificações do produto que pode levar à insatisfação do cliente. Para ser considerado defeituoso, o produto deve desviar-se das especificações de fabrico ou de conceção e não deve corresponder às expectativas dos clientes internos ou externos.

Segundo Shingo (1986), as causas dos defeitos residem nos erros dos trabalhadores, e os defeitos são o resultado da negligência desses erros. Assim, os erros não se transformarão em defeitos se os erros dos trabalhadores forem descobertos e eliminados antecipadamente. Por outro lado, do ponto de vista da inspeção na fonte, Shingo (1986) afirma que os defeitos surgem porque são cometidos erros e que estes dois têm uma relação de causa e efeito. Os erros não se transformarão em defeitos se houver feedback e ação na fase do erro.

1.5.1 Classificação dos erros humanos

Shimbun (1988) classifica 10 tipos diferentes de erros humanos, que são apresentados no quadro 1. Também Grout (1995) afirma sobre os erros que errar é humano. De acordo com estes autores, mais cedo ou mais tarde chegaremos à conclusão de que quase todos os defeitos são causados por erros humanos.

Quadro 1.2Classificação dos erros humanos (Shimbun, 1988).

Tipo de erro humano	**Exemplo**
Esquecimento	Por vezes, esquecemo-nos de coisas quando não estamos concentrados
Erros devidos a mal-entendidos	Por vezes, cometemos erros quando tiramos conclusões erradas antes de estarmos familiarizados com a situação
Erros de identificação	Por vezes, julgamos mal uma situação porque a vemos demasiado depressa ou porque estamos demasiado longe para a ver claramente
Erros cometidos por amadores	Por vezes, cometemos erros por falta de experiência
Erros intencionais	Por vezes, ocorrem erros quando decidimos que podemos ignorar as regras em determinadas circunstâncias
Erros inadvertidos	Por vezes, somos distraídos e cometemos erros sem saber como é que eles acontecem
Erros devido a lentidão	Por vezes, cometemos erros quando as nossas acções são retardadas por atrasos no julgamento
Erros devidos à falta de normas	Alguns erros ocorrem quando não existem instruções ou normas de trabalho adequadas. Por exemplo, uma máquina pode avariar sem aviso
Erros surpresa	Por vezes ocorrem erros quando o equipamento funciona de forma diferente da esperada
Erros intencionais	Algumas pessoas cometem erros deliberadamente

Tal como esta classificação indica, a possibilidade de cometer um erro humano é muito significativa, especialmente nas tarefas de fabrico e montagem. Para se obter um nível satisfatório de qualidade, os erros humanos devem ser eliminados ou, pelo menos, a sua ocorrência deve ser dificultada.

1.5.2 Classificação dos erros

Os erros também podem ser classificados de várias formas. Hinckley (2001) recolheu uma vasta gama de métodos de classificação utilizados na literatura sobre a correção de erros (ver quadro 2). Embora os princípios subjacentes à correção de erros sejam extremamente simples, uma grande parte das soluções de correção de erros requer adaptações únicas a problemas específicos. Assim, o objetivo da correção de erros não é apenas classificar erros e defeitos sem ambiguidade, mas também encontrar a melhor solução disponível para o problema. Hinckley (2001) salienta que os esquemas de classificação conduziram a uma melhor compreensão dos erros e das limitações humanas; no entanto, não são independentemente úteis para a correção de erros. O grande valor da impermeabilidade a erros é que, independentemente da causa, do fator psicológico, da fase de produção ou das potenciais consequências, bloqueia ou alerta para um resultado indesejado numa fase do processo em que as consequências podem ser minimizadas.

Tabela 1.3.Métodos de classificação dos erros (Hinckley, 2001).

Categoria de erro	**Exemplos de causas**
Factores causais	fadiga, falta de luz, urgência, interrupção
Fase do projeto	conceção, fabrico, montagem
Factores ergonómicos	perceção, decisão, ação, competência, formação
Probabilidade de erro humano	frequência de erros, desempenho humano
Fator de stress	carga de trabalho, mudança profissional ou frustração
Consequências do erro	lesão, perda, dano
lesão, perda, dano	soldadura, fresagem, pormenorização, inspeção
Factores comportamentais	comunicação, processos motores, perceção
Ação corretiva	retrabalho, reparação, sucata

1.6 Dispositivo comum utilizado em sistemas Poka-Yoke

1. Pino guia

2. Luz intermitente e alarmes
3. Interruptores de fim de curso
4. Interruptores de proximidade (sensor)
5. Contadores
6. Lista de controlo

1.6.1 Pino-guia: Os pinos-guia são frequentemente utilizados como meio de garantir a precisão com que as peças maquinadas são empilhadas umas sobre as outras. Podem também ser utilizados como meio de alinhar corretamente um componente de um sistema de duas partes com o outro. O pino pode ter a forma de um parafuso com uma extremidade cónica ou mesmo a forma de uma bala, contendo a peça correspondente ilhós metálicos ou plastificados em todos os pontos de contacto. Os ilhós permitem que as cavilhas-guia penetrem no componente secundário para garantir a configuração exacta das duas partes que estão a ser montadas.

Fig1.3-Pino-guia

1.6.2 Luz intermitente e alarme: Design modular com caixa robusta para todas as aplicações interiores e exteriores em condições difíceis, sempre que seja necessário visualizar o estado da máquina e emitir sinais de aviso

Fig1.4-luz intermitente

1.6.3 Interruptor de fim de curso: Um interrutor de fim de curso é um dispositivo eletromecânico que consiste num atuador ligado mecanicamente a um conjunto de contactos. Quando um objeto entra em contacto com o atuador, o dispositivo acciona os contactos para estabelecer ou interromper uma ligação eléctrica. Os interruptores de fim de curso são utilizados em diferentes tipos de aplicações e ambientes devido à sua robustez, facilidade de instalação e fiabilidade de funcionamento. Os interruptores de fim de curso podem determinar a presença/ausência, passagem, posicionamento e fim de curso de um objeto. Os interruptores de fim de curso foram utilizados pela primeira vez para definir o limite de percurso de um objeto; daí o nome "interrutor de fim de curso".

1.6.4 Sensor: Um sensor é um transdutor cujo objetivo é sentir (ou seja, detetar) alguma caraterística do seu meio envolvente. Detecta eventos ou alterações nas quantidades e fornece uma saída correspondente, geralmente como um sinal elétrico ou ótico; por exemplo, um termopar converte a temperatura numa tensão de saída. Mas um termómetro de mercúrio em vidro é também um sensor;

Os dispositivos de deteção são tradicionalmente utilizados no poka-yoke

i. Dispositivo de contacto físico

ii. Dispositivo de deteção de energia

i. Dispositivo de contacto físico

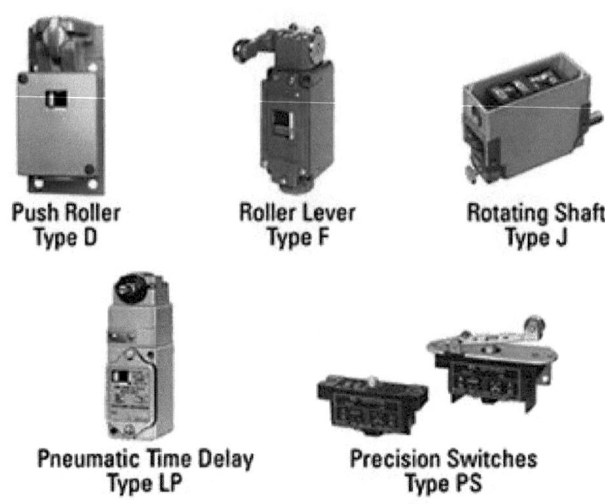

Fig 1.5 Sensor de contacto físico

Estes dispositivos funcionam através do contacto físico com algo. Pode ser uma peça de máquina ou uma peça real que está a ser fabricada. Na maioria dos casos, estes dispositivos enviam um sinal eletrónico quando são tocados. Dependendo do processo, este sinal pode encerrar a operação ou dar um sinal de aviso ao operador.

ii. Dispositivo de deteção de energia

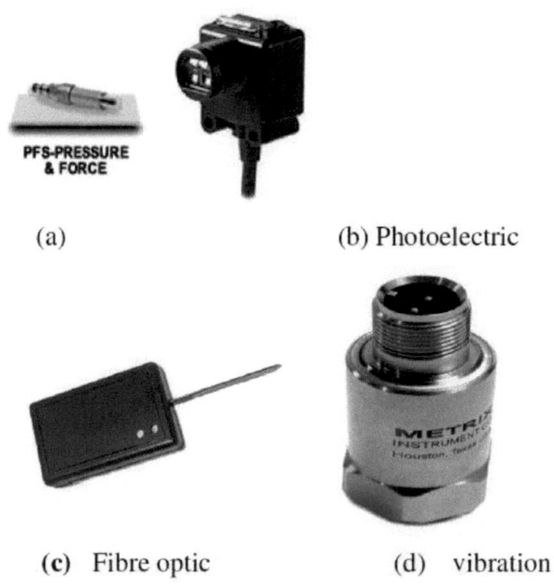

(a) (b) Photoelectric

(c) Fibre optic (d) vibration

Fig 1.6 Estes dispositivos funcionam através da utilização de energia para detetar a ocorrência ou não de um defeito

(a) Sensor fotoelétrico

O emissor e o recetor do sensor de feixe passante estão alojados em caixas diferentes, separadas uma da outra. O emissor (E) transmite diretamente para o recetor (R). Se o objeto (O) interromper o feixe de luz, a tensão do recetor cai e a função de comutação é iniciada. O sensor de feixe passante é utilizado para monitorizar as linhas de produção e de embalagem, para medir o estado completo de um contentor transparente ou como medida de segurança para portas e zonas perigosas.

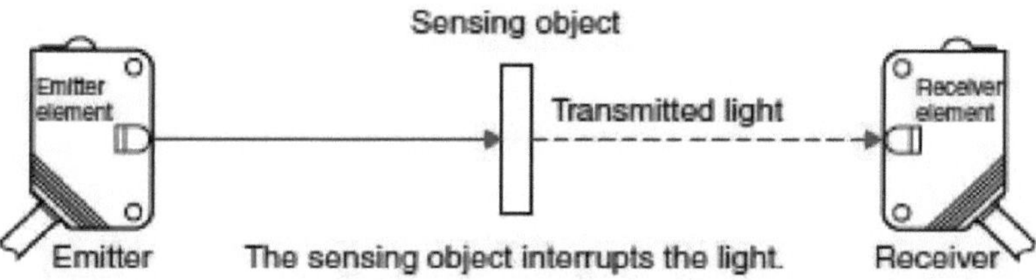

Fig 1.6 objeto de deteção interrompe a luz

(b) Sensor de vibrações

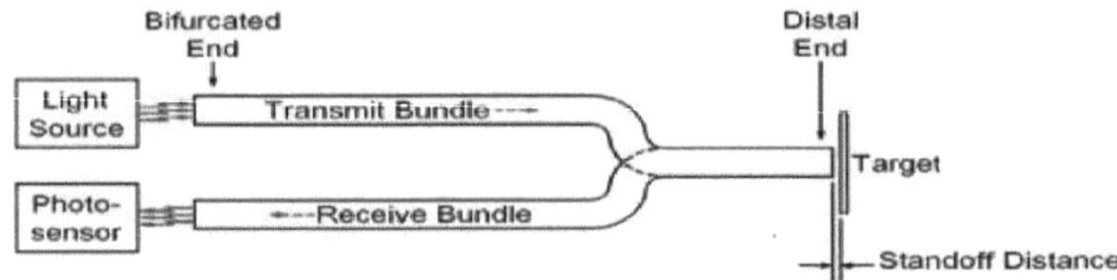

Fig1.7Sensor de vibração

Apesar dos avanços feitos no equipamento de monitorização e análise de vibrações, a seleção de sensores e a forma como são montados numa máquina continuam a ser factores críticos para determinar o sucesso de qualquer programa de monitorização. O dinheiro poupado com a instalação de sensores de qualidade inferior não é um investimento prudente, uma vez que a informação fornecida sobre a máquina de interesse não é frequentemente exacta ou fiável. Sensores de má qualidade podem facilmente fornecer dados enganadores ou, em alguns casos, fazer com que uma condição crítica da máquina seja completamente ignorada.

CAPÍTULO 2

FORMULAÇÃO DE PROBLEMAS E OBJECTIVOS

2 Formulação do problema

2.1 Introdução

T principal objetivo do presente capítulo consiste em estabelecer a metodologia para avaliar quantitativamente o valor das actividades de manutenção. Neste capítulo, introduziremos o princípio da metodologia e descreveremos o quadro e o processo de avaliação quantitativa do valor das actividades de manutenção.

2.2 Metodologia

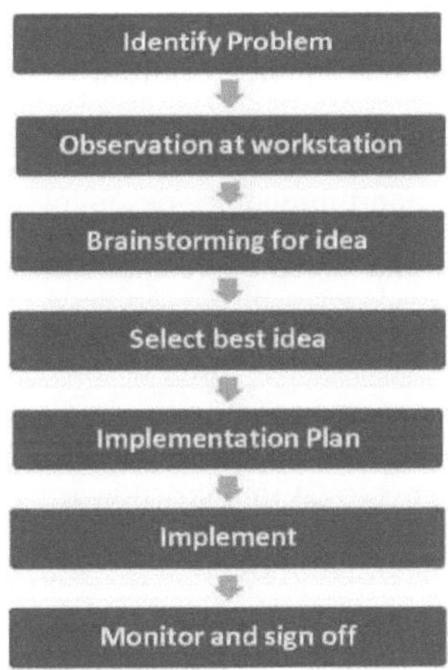

Fig 2.1 Passos para implementar o poka yoke

2.2.1 Passo 1 Identificar o problema

Nesta fase, são recolhidas as queixas dos clientes (internos e externos). O princípio da norma é determinado tendo em conta vários critérios, como o número de queixas do cliente, a quantidade de defeitos detectados pelo controlo de qualidade, a materialidade dos defeitos (o seu impacto no cliente, os custos, o processo implementado) e, em seguida, os dados são recolhidos em termos gerais, de acordo com os resultados da análise dos dados recolhidos, a empresa planeia desenvolver o sistema poka yoke para o problema selecionado. Desta forma, na primeira fase, o problema é selecionado,

2.2.2 Etapa 2 Observação nos postos de trabalho

Nesta fase, é efectuado o estudo do problema no local. As causas por detrás do problema são identificadas através de um diagrama de espinha de peixe (diagrama de espinha de peixe é um diagrama de causa e efeito criado pelo guru da gestão japonês Ishikawa). As causas podem estar relacionadas com o homem, a máquina, o material ou o método, pelo que se procede a uma seleção completa.

2.2.3 Etapa 3 Brainstorming de ideias

Na sessão de brainstorming, o problema em estudo é apresentado ao comité. Em seguida, todos os membros estudam o problema e apresentam várias soluções para evitar esse defeito. Como cada pessoa tem uma singularidade, esta etapa termina com várias soluções alternativas para o mesmo problema.

2.2.4 Passo 4 Selecionar as melhores ideias

Depois de obter várias soluções alternativas, é altura de selecionar a melhor de todas as soluções recolhidas. Os critérios de seleção podem ser o custo, o tempo necessário, as alterações no sistema existente, a oportunidade de desenvolver novas soluções, a simplicidade de funcionamento, etc. Ao consultar todos os critérios de seleção, o comité conclui com a melhor solução.

2.2.5 Etapa 5 Plano de execução e execução

Esta etapa diz respeito ao planeamento da implementação. Trata da necessidade de material, do processamento do material e, finalmente, o mecanismo fabricado é implementado no local de trabalho efetivo.

2.2.6 Etapa 6 Controlo e aprovação

Os produtos fabricados são verificados quanto a defeitos em estudo e o desempenho do sistema poka yoke é também monitorizado e o projeto é encerrado.

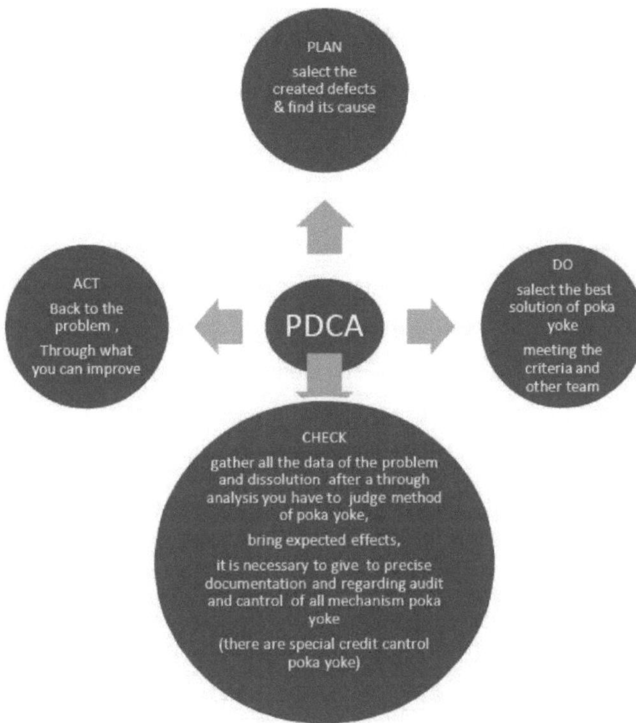

Fig.2.2 Ciclo PDCA para implementar o poka yoke

2.3 Objectivos

- Para melhorar a qualidade do produto
- Aumentar a produtividade do produto
- Para poupar o tempo de produção do produto
- Para uma maior flexibilidade de produção
- Para guardar a área do posto de trabalho
- Aumentar a segurança no posto de trabalho

CAPÍTULO 3

VISÃO GERAL DA ORGANIZAÇÃO

3.1 Introdução

Como foi discutido nos capítulos anteriores, o poka-yoke foi aplicado com sucesso na linha de montagem de uma empresa em Bhopal, para proteger danos, acidentes, etc. Mas o poka-yoke, sendo uma técnica tão poderosa, ainda não foi aplicado, tanto quanto é do conhecimento do autor, num domínio como este para encontrar as causas dos erros. O Poka-yoke foi aplicado na linha de transmissão da unidade de montagem que ocorreu repetidamente durante a fase de testes na própria empresa e os resultados foram discutidos no capítulo seguinte. Este capítulo aborda a forma como os dados foram recolhidos e a metodologia seguida.

3.2 Um olhar sobre o sistema de montagem automóvel

Na linha de montagem de tractores, existem os seguintes departamentos básicos

3.2.1. Centro de Engenharia de Tractores

Este departamento é responsável pela conceção dos produtos a fabricar pelos diferentes fornecedores. O departamento está dividido em diferentes áreas, como a transmissão, que se ocupa da conceção das engrenagens, o trator, que se ocupa dos componentes gerais do trator, a hidráulica, que se ocupa do ADDC e dos componentes relacionados com a hidráulica, e o desenvolvimento do produto, que se ocupa das várias questões de campo e da melhoria dos produtos actuais.

3.2.2 Serviço de Finanças e Contabilidade

Este departamento é responsável por todas as transformações financeiras que são realizadas na empresa, tais como pagamentos de todas as entradas de material, salários de todos os empregados, todos os registos de despesas e créditos da empresa são mantidos por este departamento.

3.2.3 Departamento de Vendas e Marketing

Este departamento é responsável por consolidar a posição da empresa no mercado todos os anos. Todos os anos, estas pessoas elaboram novas estratégias para aumentar a quota da empresa no mercado. A maior parte das vendas da empresa depende do trabalho deste departamento, sendo assim um dos departamentos mais importantes.

3.2.4 Desenvolvimento de material/fornecedor

Este serviço é responsável por todas as entradas de material do fornecedor. Este departamento está ainda dividido em dois departamentos

> **Desenvolvimento de fornecedores.**

Todas as novas amostras e, de facto, todos os novos componentes são desenvolvidos por este departamento. Todos os componentes desenvolvidos não são consumidos como parte da produção regular, mas implementados apenas como um ensaio e consumidos na produção regular apenas depois de estes componentes serem regularizados.

> **Compra regular Departamento**

Este departamento é responsável por todas as entradas de material que é utilizado na produção regular.

3.2.5 Departamento de Lojas

Este departamento é responsável pelo tratamento do material recebido, pelo fornecimento do material à linha de produção e também pela expedição dos materiais rejeitados de volta aos fornecedores. Assim, as lojas têm uma enorme tarefa a realizar, que não pode ser executada por uma única associação, pelo que foram divididas em diferentes secções, de acordo com as necessidades, tais como as lojas de entrada de material, designadas por lojas dos grupos 1, 2 e 3, as lojas principais, as lojas ETE, as lojas de rejeição, etc.

3.2.6 Departamento de Garantia de Qualidade.

Este departamento é responsável por todo o controlo de qualidade dos componentes recebidos e pela garantia da qualidade do trator ao cliente. Este departamento está ainda dividido em subdepartamentos, que serão analisados separadamente mais adiante.

A qualidade pode ser definida como "adequação à utilização". Quando falamos de qualidade, significa que o produto deve ser adequado à sua utilização e é o utilizador que julga e decide quais as qualidades que pretende no produto.

As caraterísticas de qualidade podem ser agrupadas em 4 categorias:

> Qualidade da conceção

> Qualidade da conformidade

> Disponibilidade

> Serviço ao cliente

3.2.7 Qualidade da conceção

O projeto deve satisfazer todos os requisitos do cliente. Se ele quiser um motor de, digamos, 5 CV, não pode projetar o seu motor para 4,5 CV. O projetista deve ter como objetivo uma conceção que satisfaça todas as qualidades, ou quase todas as qualidades, desejadas pelo cliente. Deve também criar um produto que se torne mais competitivo.

3.2.8 Qualidade da conformidade

O grau ou a medida em que um produto está efetivamente em conformidade com a especificação e o desenho é designado por "qualidade da conformidade".

Disponibilidade

Isto inclui caraterísticas como a fiabilidade, a facilidade de manutenção e a duração da vida útil. Todas estas caraterísticas indicam em que medida o produto estará disponível para utilização.

3.2.9 Serviço ao cliente

Isto inclui a medida em que o cliente pode obter assistência do fabricante ou manter o produto em utilização contínua.

A política de qualidade da fábrica de tractores consiste em conceber, desenvolver, fabricar e prestar assistência a produtos de qualidade que garantam a satisfação do cliente, o que é conseguido através de

> Identificar continuamente as necessidades dos clientes e comunicá-las à organização.

> Concentração na conceção para fiabilidade, facilidade de fabrico e eficácia de custos.

> Produção e entrega de produtos com zero defeitos, a preços competitivos, no modo e mistura exigidos pelos clientes.

> Serviço pós-venda atempado e reativo.

O objetivo de um sistema de garantia da qualidade é manter os padrões de qualidade necessários. Os componentes importantes do sistema de garantia de qualidade são:

> Monitorização do programa de garantia de qualidade dos fornecedores.

> Verificação da exatidão dos aparelhos de medição de ensaio.

> Avaliar e controlar a qualidade do produto no terreno.

> Estabelecer uma ligação de feedback sobre as informações relacionadas com a qualidade para a direção.

> Avaliar, planear e controlar a qualidade dos produtos.

> Realização de estudos especiais de qualidade e gestão de todo o sistema de qualidade.

3.3 Os vários subdepartamentos do departamento de garantia de qualidade são os seguintes

> Laboratório metalúrgico

> Quarto Standard

> Célula de desenvolvimento

> Controlo da qualidade da receção

> Controlo de qualidade do fabrico

3.3.1 Validação de amostras Se houver alterações a efetuar ou se tiver de ser instalado um novo componente, deve ser trazido para a sala de amostras um lote de cinco amostras para efeitos de verificação. Em seguida, a amostra é transferida em função das suas caraterísticas dimensionais e de outras caraterísticas necessárias. O objetivo do departamento é verificar os componentes do novo fornecedor.

Os objectivos do departamento de validação de amostras são

> Assegurar que as caraterísticas dimensionais e outras da nova amostra estão em conformidade com a especificação.

> Elaborar normas de qualidade em conjunto com o departamento de materiais para garantir as caraterísticas dos componentes durante um longo período de tempo.

3.3.2 Laboratório metalúrgico

Este laboratório tem todas as facilidades para determinar a composição química da matéria-prima utilizada para a produção de vários componentes. Este laboratório inclui uma máquina de ensaio universal, uma máquina Rockwell, um testador de dureza Brinell, uma máquina de ensaio de borracha, produtos químicos para determinar a microestrutura da matéria-prima, equipamento de ensaio de tração de borracha.

Os objectivos do laboratório de metalurgia

> Assegurar que todos os componentes estejam isentos de qualquer tipo de não-conformidade relacionada com os aspectos físico-químicos, de acordo com as normas aplicáveis. Assegurar a qualidade das tintas de borracha.

3.3.3 Quarto standard

Este departamento alberga todos os instrumentos de medição e respectivos registos. Trata-se de uma sala totalmente climatizada e sem pó. A sala é especialmente concebida à prova de pó para evitar quaisquer anomalias de medição. A máquina CMM está instalada aqui e é utilizada para verificar os componentes para uma melhor precisão.

Objectivos do quarto standard

> Efetuar a calibração dos vários instrumentos em vários departamentos.

> Demonstrar ao cliente o nível de confiança do sistema de medição.

> Planeamento do calibre e aquisição ao fornecedor para calibração.

3.3.4 Departamento de lançamento de projectos

Este departamento lida com o desenvolvimento de produtos de novos tractores, como foi o caso do valtra quando foi desenvolvido no ano passado. Basicamente, este departamento coordena o design e as várias divisões.

Objectivos do serviço de DR

> Implementação da nova conceção

> Coordenar os diferentes departamentos durante a implementação de um novo projeto

> Revisão dos componentes de acordo com os aspectos de qualidade e revisão do projeto.

3.3.5 Controlo da qualidade da receção

O RQC pode ser definido como a soma das medidas adoptadas pelos receptores para garantir a qualidade do material oferecido pelo fornecedor. Este departamento recebe os componentes do fornecedor e assegura principalmente o aspeto dimensional e também a aparência do componente. Este departamento tem uma lista muito grande de medidores e instrumentos, que são devidamente calibrados de acordo com a data; aderência e rastreabilidade ao IS lá. O apuramento dos componentes inclui a avaliação do tamanho da amostra de cada lote, os componentes são verificados quanto a vários aspectos e depois enviados para confirmação ou rejeição.

Objetivo do RQC

> Garantir a qualidade de uma determinada unidade ou grupo de unidades apresentadas para aceitação.

> Assegurar que as caraterísticas de qualidade a longo prazo satisfazem as normas de qualidade.

O departamento de RQC está subdividido em quatro secções, a saber

> Chapas metálicas

> Fundição

> Forjamento

> Estoque de barras

3.3.6 Controlo da qualidade do fabrico.

Este departamento ocupa-se da qualidade de fabrico. Para garantir esta qualidade, são efectuadas várias auditorias como FIFO (first in first out), tourqing, lavagem, aplicação de selante, auditoria funcional, ajustes e alinhamentos diversos, rolamentos, auditoria do produto final, etc.

> Avaliar a conformidade do processo com a norma estabelecida e tomar as medidas adequadas quando são detectados desvios.

> Assegurar a aplicação destas normas através da realização de auditorias diárias e da atualização das normas sempre que necessário.

3.3.7 Departamento de Produção

Este departamento é responsável pela realização de todas as operações de montagem. Este departamento está ainda subdividido em algumas partes, de acordo com as diferentes linhas de montagem, tais como a linha de montagem hidráulica, a linha de transmissão, a linha de pré-pintura, a cozinha de pintura, a linha de pós-pintura, a PDI, etc.

> **Serviço de manutenção**

Para a manutenção regular e preventiva das máquinas e de qualquer outro equipamento utilizado na montagem. Os departamentos prestam os seus serviços.

> **Loja**

A loja assegura um abastecimento regular e contínuo para evitar a paragem da linha. Todos os materiais comprados são armazenados aqui sistematicamente e os artigos que podem enferrujar são aplicados com óleo anti-ferrugem uma vez por semana e, na época, duas vezes por semana.

3.4 A linha de montagem foi classificada em função das operações que efectua. São elas -

> Linha ADDC

> Linha de transmissão

> Linha de pré-pintura

> Oficina de pintura

> Linha de pintura de poste

3.4.1 Linha ADDC

ADDC significa controlo automático da profundidade e da força de tração. É utilizado para o funcionamento das alfaias agrícolas, como o cultivador, o arado MB, a grade de discos, etc. O sistema ADDC controla a profundidade da alfaia, em função da tração. A tração é a resistência do solo, que actua contra a alfaia. O sistema ADDC baseia-se no princípio da deteção das forças na alfaia e, por conseguinte, na utilização da pressão hidráulica para levantar ou baixar a articulação de 3 pontos.

3.4.2 Linha de transmissão

Nesta linha, é efectuada a montagem da caixa de velocidades, do diferencial, da transmissão final e do acoplamento ADDC. A montagem da caixa de velocidades é designada por gl e a montagem do diferencial é designada por g2. Os vários mecanismos de engrenagem utilizados no trator são:

> Mecanismo de engrenagem deslizante

> Mecanismo de malha sincronizada

A maioria dos modelos tem um mecanismo de engrenagem deslizante, exceto o Valtra 6100 e o power 6100, que têm engrenagem e mecanismo de sincronização. Existem 8 velocidades na direção para a frente - 4 em velocidade alta e 4 em velocidade baixa, 2 velocidades na direção inversa. A velocidade alta-baixa é acionada pela alavanca alta-baixa. Com a disposição alta-baixa podemos aumentar o binário, uma vez que a baixa velocidade o binário gerado é maior. O conjunto de transmissão também é composto por uma tomada de força (PTO) que é utilizada para fazer funcionar a bomba para extrair a água e alguns implementos como motivadores, etc.

3.4.3 Linha de pré-pintura

Esta linha inclui o acoplamento do motor e do volante ao conjunto da transmissão. Para este efeito, existe uma máquina que assegura o acoplamento correto. Em seguida, são montados os travões, a embraiagem e o mecanismo de direção, bem como outros elementos como o peso dianteiro, o tubo de sucção do tubo de pressão, etc.

3.4.4 Oficina de pintura

Esta oficina divide-se basicamente em duas categorias: uma linha de produção e uma segunda oficina de pintura de chapas metálicas. Na linha, o chassis do trator é pintado e depois cozido. Na oficina de pintura de chapas metálicas, o sistema de treze tanques inclui a limpeza do material, a remoção de ferrugem, a decapagem e a ativação da superfície para uma melhor aderência da tinta.

3.4.5 Linha de pintura de poste

A linha de pós-pintura envolve a montagem do capot, do painel de instrumentos, do filtro de ar elétrico, do radiador de água, dos pneus, etc. Também envolve o enchimento de óleos como o da direção, o do filtro de ar, o da caixa de velocidades e o óleo diesel.

3.5 Serviço de manutenção

Este serviço é responsável pela execução de todos os trabalhos de manutenção a efetuar na fábrica. Qualquer tipo de trabalho de reparação ou manutenção, como a manutenção eléctrica, este departamento executa o trabalho do equipamento na linha de montagem, etc.

3.6 Departamento de Engenharia

Este departamento é responsável pelo lançamento de novas tecnologias na fábrica, tais como qualquer tipo de nova máquina de ensaio, a implementação de novas máquinas, a disposição da fábrica e a redução das despesas globais da fábrica através da dessecação, etc.

3.7 Serviços

Este departamento é responsável pela prestação de todos os serviços e trabalhos de reparação aos clientes após a venda dos tractores. No passado, foram adoptados muitos métodos e estratégias novos para prestar um serviço completo aos clientes e foram tomadas todas as precauções para ter em conta as suas valiosas sugestões e comentários.

3.8 Departamento de Recursos Humanos:

Este é o departamento mais importante de qualquer organização. Como todos sabemos, os 3 M's são vitais para qualquer unidade de produção. Estes 3 M's são Homens, Materiais e Máquinas. De todos eles, os Homens ou os Recursos Humanos são o recurso mais complicado ou importante para qualquer organização. O departamento que desempenha todas as funções relacionadas com os recursos humanos é conhecido como GESTÃO DE RECURSOS HUMANOS. O departamento de recursos humanos divide-se em 3 partes:

>RH empresarial

>Centro HR

>RH de marketing

Este serviço é responsável por todas as funções relacionadas com os recursos humanos.

Uma vez que o meu projeto se insere no domínio dos RH, a descrição pormenorizada dos RH será explicada no diagrama apresentado

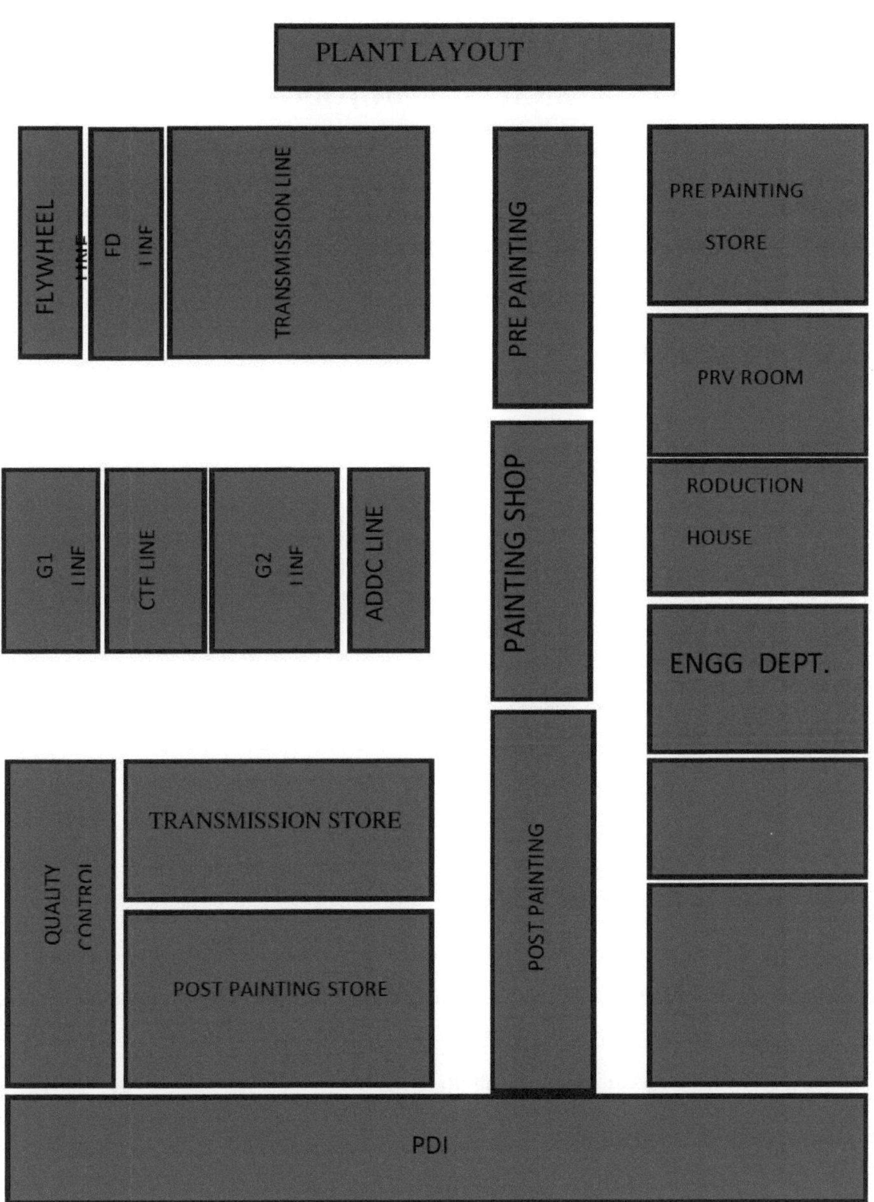

Fig. 3.1 Planta da fábrica

CAPÍTULO 4

RECOLHA DE DADOS, ANÁLISE E METODOLOGIA POKA-YOKE -

4.1 DISTRIBUIDOR DE BOLAS POKA-YOKE

Conteúdo:

4.1.1 Introdução do distribuidor de bolas:-

O distribuidor de esferas é uma máquina que distribui 1 ou 4 esferas de aço de cada vez, de acordo com as necessidades do operador. Esta máquina está instalada na linha G1 e na linha CTF e as esferas são utilizadas na caixa de velocidades para o bloqueio da alavanca de velocidades através do mecanismo de êmbolo de esferas.

4.1.2 Declaração de necessidade:-

Atualmente, a empresa está mais orientada para a qualidade do que para a produção, uma vez que a nossa produção é boa (embora a produção também deva ser melhorada), mas a qualidade não está à altura e, de acordo com a análise do mercado, a qualidade tem de aumentar consideravelmente.

Em G1 e CTF um defeito era muito comum, ou seja, as esferas de aço costumavam cair dentro da carcaça, o que é um defeito letal que faz com que as engrenagens se partam muito rapidamente e, antes disso, a eficiência da transmissão e, portanto, do trator, seja perdida.

4.1.3 Imagem atual:-

Anteriormente, o operador costumava segurar demasiadas esferas de aço ao efetuar operações complexas durante a montagem da caixa G1 e CTF, pelo que muitas vezes as esferas caíam dentro da caixa, o que por vezes era observado e outras vezes não.

Se o defeito não fosse observado, o trator costumava ir para o cliente com um defeito mortal, o que nos é extremamente desfavorável.

Se o defeito fosse observado, o processo de remoção das esferas de aço era muito fastidioso e exigia muito tempo, também à custa da segurança, afectando assim a produtividade e o número de incidentes.

4.1.4 Requisitos:-

> Tudo o que possa levar o operador a aperceber-se de que a esfera de aço caiu dentro da caixa, caso tenha caído.

> Alguma coisa que possa reduzir o número de bolas que caem dentro da caixa.

> A solução deve atrair também o operador.

> A solução deve ser sustentável.

> Um dispositivo que armazena bolas de aço que podem ter caído no chão por erro do operador.

> Uma disposição que permite a uma pessoa da loja encher o recipiente de bolas, mas que deve estar fora do alcance do operador, de modo a que este não possa retirar diretamente as bolas.

4.1.5 Conceção concetual:

> Determinar a viabilidade da instalação :-

Tendo em conta o pior operador que poderíamos obter e as condições de trabalho, foram considerados importantes os seguintes pontos

✓Fácil de utilizar.

✓Duradouro

✓As bolas não devem estar diretamente na proximidade do operador.

✓O distribuidor deve ser instalado a uma altura de cerca de 1,5 m, logo atrás da linha.

✓Devem ser tomadas medidas para evitar a queda de bolas no chão.

✓A disposição para evitar o bloqueio das esferas é muito importante.

> **Preparação de conceitos** :-

Os pontos seguintes dão uma visão geral do que se passava exatamente na minha cabeça nesse momento:

> O princípio principal era que, deveria haver 3 placas 1st uma deveria ter uma grande ranhura no centro da frente que poderia conter 6-8 números de bolas, 2nd placa deveria ter um buraco para acumular uma bola na frente esquerda, e uma ranhura que poderia conter 4 bolas na frente direita da placa, a 3rd placa deve ter 2 ranhuras em duas extremidades dianteiras, todas as ranhuras deveriam ser feitas no mesmo raio, apenas 2nd placa estava girando, outros eram fixos.

> O dispensador funcionaria da seguinte forma: quando a placa do meio é rodada para alinhar o orifício de uma bola na placa 2nd com o da ranhura na placa 1st , as bolas cairiam na placa 2nd e, em seguida, quando a placa 2nd é movida de volta para a posição original, deve deixar cair a bola do orifício na placa 3rd , da mesma forma com a caixa de 4 bolas.

> Queria tornar o sistema compacto, por isso fi-lo, mas quando a placa 2nd estava a rodar, havia uma posição em que a ranhura da bola 4 estava alinhada com a ranhura da placa 1st e com a ranhura da placa 3rd , por isso, se parasse nesta posição, as bolas cairiam continuamente até o recipiente ficar vazio, por isso, na placa 3rd fiz uma ranhura para apenas 2 bolas afastadas do centro e para as outras 2 fiz um cone para transportar as outras 2 bolas em direção à ranhura.

> As ranhuras na placa 2nd e 3rd devem ser mantidas a uma distância suficiente para que, se o operador mover por engano a placa do meio, o dispensador não funcione.

> Estavam a ser pensadas todas as formas anormais de utilização da máquina.

> O espaçamento adequado entre as saídas para receber 1 e 4 bolas devia ser mantido.

> Uma tampa do tipo peneira ou do tipo funil eram duas opções para colocar as bolas

dentro do recipiente.

> Era necessário um contentor separado e um caminho com declive para guardar as bolas que caíssem no chão.

> Foram pensadas várias possibilidades para quebrar o bloqueio das bolas e, finalmente, foi decidido um pino ligado à pega.

> Foi feita uma reflexão constante para tornar o sistema mais fácil de utilizar.

4.1.6 Conceção final

Basicamente, existem três placas com paredes laterais aparafusadas à placa superior, a placa superior tinha um orifício no centro da frente, suficientemente grande para conter 6 bolas, a placa do meio tinha 2 orifícios nas extremidades da frente, 1st suficientemente grande para conter 4 bolas, 2nd suficientemente grande para conter 1 bola, a terceira placa tinha 2 orifícios nas extremidades da frente, um para uma única bola logo abaixo do orifício na placa do meio, 2nd para 2 bolas no canto e um chanfro no são correspondentes às 2 bolas restantes, de modo que todo o arranjo fica abaixo do orifício de 4 bolas na placa do meio e o chanfro está próximo do centro. O operador roda a placa do meio para alinhar, digamos, o furo das 4 bolas da placa do meio com o furo da placa de cima, as bolas caem dentro da placa do meio, agora o operador roda a placa do meio para trás, de modo a que o furo da placa do meio fique acima da placa de baixo, de modo a que 2 bolas saiam diretamente através do furo para 2 bolas na placa de baixo e as outras 2 bolas deslizem sobre o chanfro e saiam do mesmo furo para 2 bolas.

Uma pega é aparafusada à placa central e na pega é soldada uma haste metálica que se estende até ao interior do recipiente perto do orifício na placa superior, esta haste roda com a pega e evita o encravamento das esferas.

Uma placa metálica inclinada é soldada à mesa que está ligada a um contentor. Se as bolas caíssem durante a saída do distribuidor, cairiam na placa metálica que as transportaria para o respetivo contentor.

A tampa é como uma peneira que permite que as bolas caiam dentro do recipiente

4.1.7 Preparação do desenho para todos os modelos

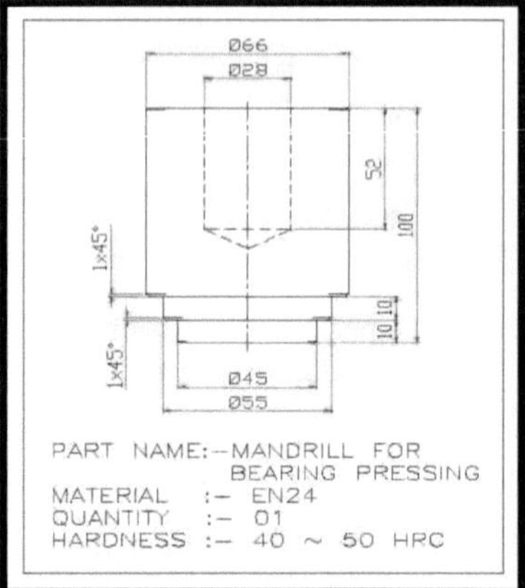

Fig 4.1 mandril para o modelo de rolamento todos os modelos

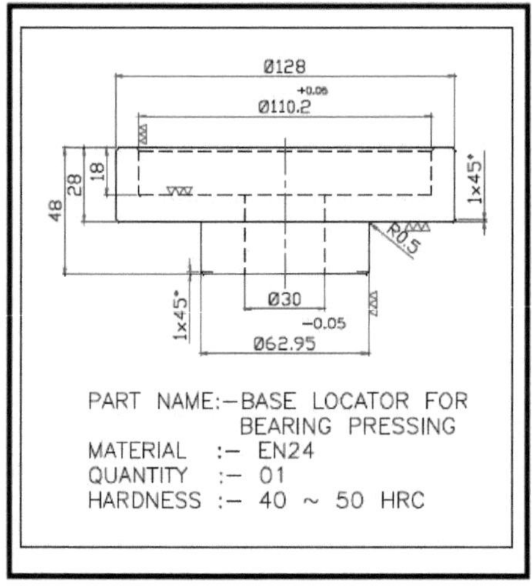

For model 241,242,312,368

Single Clutch

Fig: 4.2 localizador para o modelo de rolamento 242

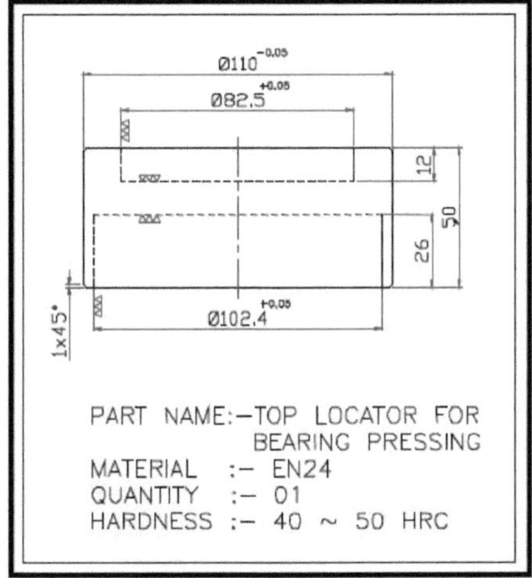

For models 380,480,485 S/W

Double Clutch

Fig: 4.3 localizador para o modelo de rolamento 380

Cotações de fornecedores

Após a conclusão de todo o trabalho de conceção, vamos pedir orçamentos a diferentes fornecedores para obter o custo correto. Os vendedores dão o seu custo de fabrico de acordo com o desenho que lhes é enviado em formato não editável.

4.1.8 Comparação de custos

Compare agora os orçamentos e selecione o mais adequado. SeleccionarO melhor fornecedor a um custo mínimo.

4.1.9 Receção da encomenda

Dar a ordem de encomenda ao fornecedor selecionado e determinar o prazo de entrega, de modo a seguir, a fim de obter a encomenda a tempo e, assim, garantir que a data prevista para a instalação do Locator e do Mandrill e para o ensaio da ferramenta seja atingida a tempo

4.1.10 Inspeção da qualidade

A Depois de a ferramenta ter sido fabricada e recebida na nossa fábrica, procedemos a uma inspeção de qualidade para garantir que a ferramenta foi fabricada de acordo com os nossos requisitos, esta ferramenta é inspeccionada na sala de normas nas instalações da fábrica

Antes de

Fig. 4.4: Utilização da bola antes da implementação

Depois de

Fig. 4.5: Utilização da bola após a implementação

4.1.11 Resultados

> Uma vez que agora o operador está a segurar apenas o número suficiente de bolas, conforme necessário, a probabilidade de a bola cair dentro da caixa é muito baixa, melhorando assim a qualidade e a produtividade.

> Agora, se uma bola caísse dentro da caixa, o operador iria certamente aperceber-se disso, porque estava a segurar 4 bolas e se inseriu 3 bolas, então de certeza que uma bola caiu algures e o defeito é notado.

> Como a probabilidade de queda da bola é baixa, as bolas não caem no chão, pelo que se mantém 5 s.

POKA-YOKE -4,2

70*90*10 VEDANTE DE ÓLEO MODELO MIXES POKA YOKE

Conteúdo:

> Introdução

> Declaração de necessidade

> Objectivos do projeto

> Desenho concetual

> Plano

> Estudo das prensas

4.2.1 Introdução

O vedante de óleo 70*90*10 significa 70 diâmetros interiores, 90 diâmetros exteriores, 10 espessuras de vedante de óleo. Vedante de óleo para evitar a fuga de óleo da carcaça do vedante de óleo 2 vedante de óleo utilizado num trator no tubo do eixo.70*90*10 são dois tipos diferentes para modelos diferentes, dependendo da carcaça

>Salto simples 70*90*10

>Salto simples 70*90*10

4.2.2 Necessidade de 70*90*10 de vedação de óleo Poka Yoke

>Vedante de óleo 70*90*10 pokayoke em falta para eliminação de falhas no vedante de óleo.

>Vedante de óleo 70*90*10 eliminação de danos por salto.

>Vedante de óleo 70*90*10 eliminação de encaixe incorreto do vedante de óleo.

>Eliminação do corte do anel de feltro

4.2.3 Métodos existentes

>Operação de pressão manual por alavanca pneumática - possibilidade de falha do vedante de óleo.

>Total de 5 ferramentas utilizadas na máquina de prensagem para cobrir todas as operações de prensagem de vedantes de óleo - possibilidade de utilização de uma ferramenta errada como processo manual, causando danos nos vedantes.

> São utilizados dois tipos diferentes de vedantes de óleo: lábio simples e lábio duplo - há a possibilidade de uma instalação incorrecta.

> A centralização do anel de feltro faz parte do processo de montagem - a atividade manual pode provocar uma montagem incorrecta.

4.2.4 Declaração de necessidade

De acordo com o estudo de mercado, a nossa empresa precisava de melhorar muito a qualidade dos seus tractores e havia muitos problemas de peças danificadas durante a prensagem devido à pressão excessiva. Numa das prensas, o problema era tão grande que o operador era instruído a pressionar e só quando tocava no vedante de óleo é que levantava o cilindro, e a operação de prensagem dependia muito das capacidades do operador e a quantidade de prensagem variava de operador para operador. Para atingir o nosso objetivo de melhoria da qualidade, o projeto era indispensável.

4.2.5 Objetivo do projeto

> Vedante de óleo 70*90*10 pokayoke em falta para eliminação de falhas no vedante de óleo.

> Vedante de óleo 70*90*10 eliminação de danos por salto.

> Vedante de óleo 70*90*10 eliminação de encaixe incorreto do vedante de óleo.

> Eliminação do corte do anel de feltro

4.2.6 Desenho concetual

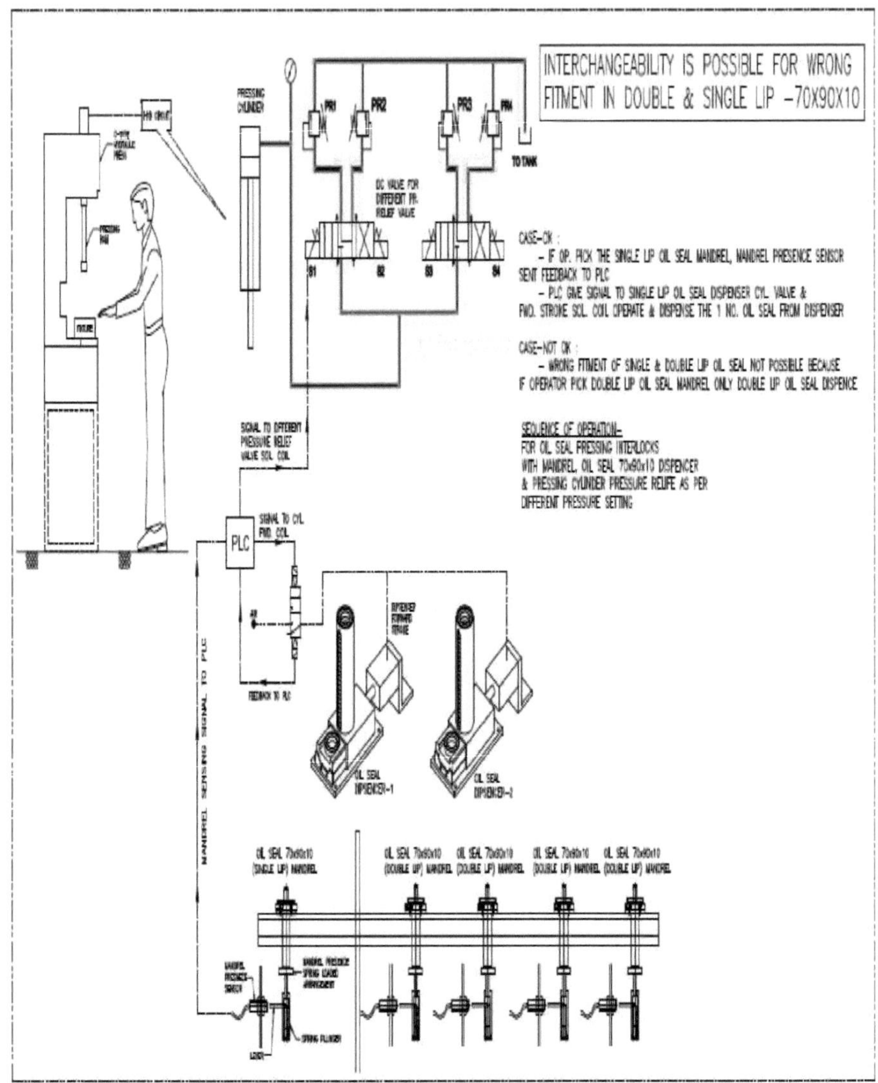

Fig. 4.6: Conceito de vedante de óleo 70*90*10

> Máquina de prensagem de selos de óleo convertida em - sistema PLC

> A deteção do vedante de óleo está interligada com o funcionamento da máquina de prensagem.

> A seleção de ferramentas é feita com base na seleção de componentes.

> A centralização do anel de feltro é a parte obrigatória do processo que pode ser feita através de sensores de interbloqueio para a próxima ração

4.2.7 Necessidade de equipamento:-

Quadro 4.1: Necessidade de equipamento

Sr. Não.	**Descrição**			
	Requisitos eléctricos	Quantidade		Observação
1	Quadro elétrico	1	58000	Máquina de prensagem pneumática
2	Micro interrutor de fim de curso	5	6250	Ferramentas de vedação
3	Sensores de proximidade para controlo da presença de componentes (M18)	5	6250	Identificação de componentes
4	Sensores de proximidade para centralização do anel de feltro (M18)	2	2500	Confirmação do conjunto de anéis de feltro
5	Sensores fotográficos	5	10000	Identificação de componentes
	Requisitos pneumáticos			
1	Cilindros pneumáticos (32 furos x 150 cursos) A23032125L	2	4930	barris de vedação de óleo
2	Flange MF 1032	2	416	
3	Válvula de controlo do caudal de 1/4 Controlo da alimentação (GR1105108)	6	1758	
4	Válvula de controlo do caudal de 1/4 Controlo de escape (GR5105108)	6	1758	
5	Manómetro pneumático 1 - 6 bar (A2G02)	3	576	

6	3/2 Válvula de comando piloto solinóide simples com retorno por mola (DS245SR61-WT1R1)	3	7952	2 para o tambor e um para o cilindro de pressão.
7	Conectores macho 1/4(WP2110851)	20	840	
8	União reta (WP2100808)	10	590	
9	União de vários distribuidores (WD2101208)	2	736	
10	Silenciadores 1/4 (AS0161)	20	1860	
11	Parafusos de montagem da válvula M5 X 60 Lg	24		
12	Tubo de PU Ø8	20m	5500	Encaminhamento
13	Tubo de PU Ø10	20m	8300	Encaminhamento
14	Pneu. Redutores 8-10	5	695	Encaminhamento
15	3/2 Válvula mono-solenoide de comando assistido com retorno por mola (DS235SR61-WT1R1)	1	1988	Substituição da válvula pokayoke de enchimento de massa lubrificante
16	Cortador de tubos WC1	2	432	
17	Ficha 4,6,8 (WP2600400)	3	63	
18	Ficha 4,6,8 (WP2600600)	3	75	
19	Ficha 4,6,8 (WP2600800)	3	84	
	Peças mecânicas			
1	Fixação para ferramentas de vedação de óleo 70 X 90 X 10	5		
2	Fixação para presença de componentes	1		
3	Fixação para centralização do anel de feltro	1		

4	Cavilha com mola de fixação	5		
5	Barris de vedação de óleo	2		
6	Ferramentas de vedação de óleo 70X90X10	5		

4.2.8 Conceção concetual

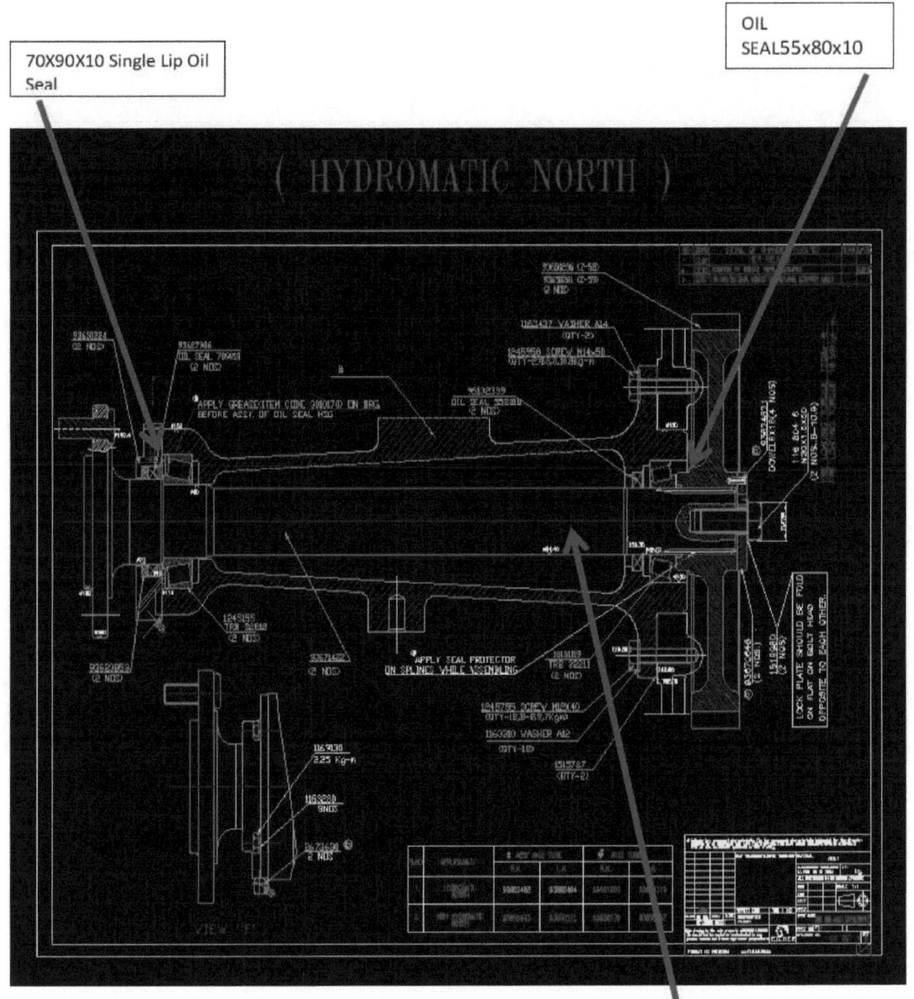

Fig 4.7: All north model

Brainstorming

> Podemos utilizar um vedante de óleo de lábio duplo 70X90X10 semelhante ao 242 NF?

> O lábio duplo é sempre melhor para proteger a entrada de pó no interior da caixa.

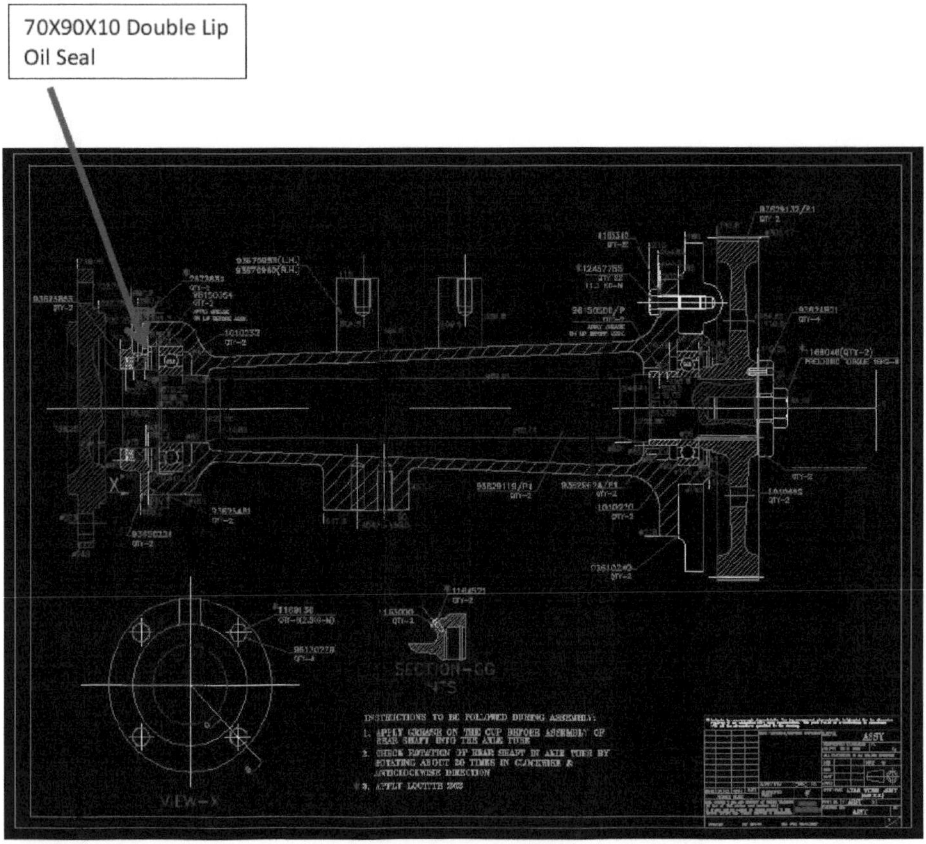

70X90X10 Double Lip Oil Seal

Fig. 4.8: 242 caraterísticas novas do tubo do eixo da caixa

Brainstorming

> 242 NF com as mesmas caraterísticas em comparação com os modelos do Norte

> As variantes 242 NF e All North têm caraterísticas semelhantes no tubo do eixo - apenas o vedante é diferente

> **Determinar a viabilidade da instalação** :-

Tendo em conta o pior operador que poderíamos obter e as condições de trabalho, foram considerados importantes os seguintes pontos

> Fácil de utilizar.

> Duradouro

> As bolas não devem estar diretamente na proximidade do operador.

> O distribuidor deve ser instalado a uma altura de cerca de 1,5 m, logo atrás da linha.

> Devem ser tomadas medidas para evitar a queda de bolas no chão.

> A disposição para evitar o bloqueio das esferas é muito importante.

Tabela 4.2 70 X 90 X 10 Mandril de vedação de óleo

N.º Sr.	**Ferramenta n.º.**	**Identificação do modelo**	**Tipo de lábio**	**Vedante de óleo**
1.	T/21201414	Norte (Selo de petróleo Hsg.)	Lábio único	70*90*10
2.	T/2120185	242 NF (Junta de estanquidade de óleo Hsg.)	Lábio duplo	70*90*10

Tabela 4.3 Vedante de óleo diferente para modelos diferentes

N.º Sr.	Ferramenta n.º.	Identificação do modelo	Tipo de lábio
1	T/21201414	Normal (Caixa de vedação do óleo)	Lábio único
2	T/21201424	Cobertura de redução	Lábio duplo
3	T/2120152	Sul	Lábio duplo
4	T/2120176	364	Lábio duplo
5	T/2120185	242 NF	Lábio duplo

Engenharia de valor - Análise de custos

Variantes do Norte (vedante de óleo 70*90*10-lábio simples)

Quadro 4.4 Taxa de produção

Mês	Modelo	Produção
junho a outubro de 2014	333	3173
junho a outubro de 2014	380	958
junho a outubro de 2014	368	1768

Nº total de tractores produzidos 4 meses=5899

Número médio de tractores produzidos /Mês=5899/4=1180

Vedante de óleo de lábio duplo 96150354 - 43,72 Rs.

Vedante de óleo de lábio único 93627986 -- 39.73 Rs.

Diferença de custo entre salto simples e salto duplo: 43,72-39,73 = 3,99 Rs

2 vedantes de óleo necessários para um trator

Custo de 1 trator 2*4=8 Rs

8 Rs Por trator

> Custo de poupança por mês 8*1180= 9440 Rs.

> Custo de poupança por ano 9440*12=113280 Rs.

Numa melhoria através da técnica de pokayoke num posto de trabalho, o montante da poupança (113280 Rs.)

Benefícios

> Eliminação dos problemas de fuga devidos a um vedante de óleo mal montado (modelos Sul, 241,242,364 ... Todos exceto modelos Normais).

> Eliminação de erros de mistura de modelos.

> Uniformização de todos os vedantes de óleo 70X90X10. (utilização do vedante de lábio duplo em todos os modelos)

> O nosso produto é fiável, eliminando as possibilidades de erro por parte do operador, graças à utilização comum de vedantes de óleo de lábio simples e de lábio duplo.

POKA-YOKE NO. 4.3
ROLAMENTO, VEDANTE DE ÓLEO POKA-YOKE EM INTERBLOQUEIO DE MONTAGEM COM FERRAMENTAS COM PARÂMETRO DE PRESSÃO

Conteúdo:

> Introdução

> Declaração de necessidade

> Objectivos do projeto

> Desenho concetual

> Plano

> Estudo das prensas

> Seleção de prensas para o projeto

4.3.1 Introdução:

O poka yoke com rolamento de vedação a óleo funciona com base no princípio de que a máquina de prensagem detecta a operação através da deteção da ferramenta levantada pelo operador e, de acordo com a operação, ajusta a sua pressão, pelo que as operações que requerem baixa pressão e as que requerem alta pressão podem ser efectuadas na mesma prensa sem causar qualquer problema.

Atualmente, existem muitas máquinas de prensagem nas quais são efectuadas muitas operações que envolvem uma vasta gama de forças necessárias, por exemplo, numa prensa, estamos a prensar um vedante de óleo e, na mesma prensa, estamos a prensar um TRB e a prensa está a trabalhar sob pressão de acordo com o TRB, o que danifica o vedante de óleo em muitos casos.

4.3.2 Declaração de necessidade:

De acordo com o estudo de mercado, a nossa empresa precisava de melhorar muito a qualidade dos seus tractores e havia muitos problemas de peças danificadas durante a prensagem devido à pressão excessiva. Numa das prensas, o problema era tão grave que o operador recebia instruções para pressionar e só quando tocava no vedante de óleo é que levantava o cilindro, e a operação de prensagem dependia muito das competências do operador e a quantidade de prensagem variava de operador para operador.

Para atingir o nosso objetivo de melhoria da qualidade, o projeto era indispensável.

4.3.3 Objetivo:

O principal objetivo do projeto era eliminar os defeitos causados pela variação da gama de pressão necessária nas prensas, garantir que as ferramentas necessárias para prensar são utilizadas durante a prensagem e também garantir que, no futuro, não hesitaremos em utilizar uma única prensa para operações variáveis, melhorando assim a segurança, a qualidade e a produtividade.

4.3.4 Desenho concetual:

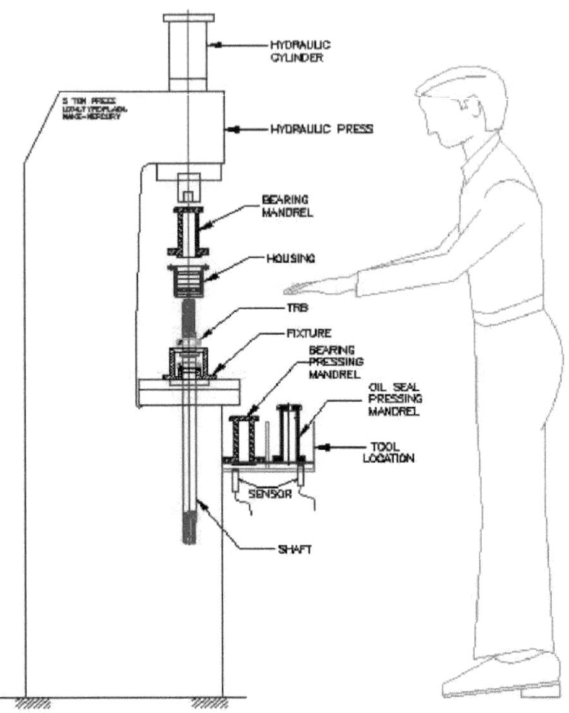

Interlock Detail:
1. Interlock between Pressure & oil seal mandrel with protective sleeve
2. Interlock between pressure & bearing mandrel

Fig. 4.9: Homem em condições de trabalho

4.3.5 Plano:

> Estudar todas as prensas da fábrica, identificar as ferramentas necessárias para efetuar a operação de prensagem.

> Identificação das prensas que devem ser incluídas no projeto, com base na variação da pressão necessária para as operações.

> Nas máquinas de prensar, é necessário criar um local para guardar as ferramentas e a conceção deve ser tal que cada ferramenta possa ser colocada apenas na posição que lhe foi atribuída e não noutro local.

> Estudo dos mecanismos da prensa, circuitos, programa, etc.

> Preparar o painel de controlo, os interruptores, o programa PLC, etc.

> Instalação do projeto.

4.3.6 Estudo da imprensa:

O estudo foi efectuado em três fases, que consistiram no estudo da imprensa:

> Especificações básicas da prensa.

> Ferramentas utilizadas na prensagem e suas aplicações.

> Pressão fixada na prensa (tanto em sop como medida).

1. Especificação básica das prensas

Estes incluem a capacidade da prensa, a natureza da prensa (pneumática\hidráulica), o nome da prensa, a área da prensa.

2. Ferramentas nas prensas

T Estas incluem a lista de ferramentas por prensa e a aplicação das ferramentas por ferramenta.

3. Pressão definida nas prensas

Estas incluem a lista de pressões a definir em cada prensa, conforme disponível no sop, e também a leitura da pressão na máquina de prensagem.

Tabela 4.5 Máquinas de prensagem para diferentes estações

Press M/c List									
Area	**Press**	**Press Description**	**Capacity**	**UoM**	**Type**	**Tool Number**	**Apllication**	**SOP PRESSURE**	**Observed Pressure**
Transmission									
ADDC	P 1	ADDC 50HP bracket bush press	2	Tonn	Hydraulic	T/303019	Bracket bush fitment mandrel only 50 hp	60-80 kg-cm^2	80 kg/cm^2
						T/09100704	S/W Bracket Sub Assy Fix., 380GT		
	P 2	Piston s\a m\c			Pneumatic	T/303010	Sizing mandrel for dia. 80 piston , 241	4-6 kg/cm ^2	5.4kg /cm^ 2
						T/303017	Sizing Mandrel for dia. 90 piston, 242		
						T/303016	Sizing mandrel for dia. 100 piston ALL BIG MODEL\380\480\SUPER DI		
						T/11	Cylinder locator		

						100 594	dia.100, 380\480\50HP		
FWH	P 3	FWH press 1			Hydraulic	T/23 202 41	Mandrel for pressing Brg. 6308 in FWH, All DC Model	25-35 kg/cm^2	30kg/ cm^2
						T/23 202 40	Mandrel for pressing Brg. 6208 in FWH, All Model		
	P 4	FWH press 2			Hydraulic	T/23 202 51	Mandrel for pressing PTO sleeve brg. 6208 in middle wall, All Big Model	25-35 kg/cm ^2	30kg/ cm^2
						T/23 202 50	Mandrel for pressing hallow shaft , All DC Model		
	P 5	FWH sub-assly. press			Hydraulic	T/23 102 42	Locator for pressing brg. 6208 & 6209 on primary shaft , 333/380SC/485SC, INT/5150 SC/5660DC	25-35kg/ cm^2	35kg/ cm^2
						T/23 102 43	Locator for pressing brg. 6210 & 6211 in primary shaft , 241/242		
						T/23 102	Locator for Hallow shaft sub-assly, All		

						44	DC Model		
						T/23 102 45	Locator for hub sub-assly, All Model		
						T/23 102 46	Locator for PTO sleeve & PTO drive shaft sub-assly, All Big Model		
						T/10 300 1	Dolly for NRB DB 202616 pressing in Intermediate shaft, 242 / 312 / 364		
						T/20 304 7	Locator &prsg tool for pto drive shaft oil seal 35x25x7, 485 & 5660PS,DC		
	P 6	Pneumatic Sub-assly press			Pne uma tic	T/20 307 0	Locator for 755 guide sleeve to press oil seal	4-6kg/c m^2	left 3 bar , right 5.4 bar
						T/20 307 1	Locator for DC-485 guide sleeve to press oil seals		
						T/20 307 6	Mandrel for oil seal (45*62*8) pressing in FW guide sleeve., 485 / 380 / 333 / 755		

						T/20 308 7	Mandrel for oil seal (40*60*13) pressing. in guide sleeve, 241		
						T/20 308 8	Mandrel for oil seal 42x62x8 in flywheel hsg. guide sleeve , 241/ 242 Flange		
						T/20 307 2	Locator for SC-485 guide sleeve to press oil seal		
G 1	P 7	G1 Press 1	8	T o n n	Hyd raul ic	T/19 202 61	G1 Reverse gear pressing dolley for 241 model	50-80kg/ cm^2	50 kg/c m^2
						T/19 102 62	Bottom locator for 241 model G1 Hsg.		
						T/19 102 63	Top locator for 241 model G1 Hsg.		
						T/19 202 64	Common mandrel for pressing Spacer ring & counter shaft in 241 G1 hsg.		
						T/19 202 65	G1 Reverse gear pressing dolley for 242 , 312 & 364 model		

						T/19 102 66	Bottom locator for 242, 312, 364 model G1 Hsg.		
						T/19 202 67	Mandrel for pressing brg. 6210C3 in 242, 312, 364 G1 hsg. middle wall		
						T/19 202 68	Mandrel for pressing counter shaft with brg. NUP208 in 242, 312, 364 G1 hsg.		
						T/19 202 70	G1 Reverse gear pressing dolley for 380 & 50 HP model		
						T/19 102 71	Bottom Locator for 380, 50HP & 755 model G1 Hsg.		
						T/19 102 72	Locator for layshaft front fitment (Circlip Positioning), 380,485,47HP,DR		
						T/19 202 73	Mandrel for pressing brg. 6208 in 380 G1 hsg. layshaft-1 bore middle wall, 380,485,47HP,DR		

						T/1920274	Mandrel for pressing brg. 6208 in 380 G1 hsg. layshaft-2 bore middle wall, 380,485,47HP,DR		
						T/1920278	G1 Reverse gear pressing dolley for 755 model		
						T/1910279	Locator for layshaft rear spacer guidening, 755, 557		
						T/1920280	G1 Reverse Gear Holding Tool during Pressing, (380,485,47HP,DR),(50Hp),(755)		
						T/1920301	Mandrel for Brg 6209N & NUP209 prsg. On lay shaft front, 755, 557		
						T/1920302	Mandrel for Brg 6210 C3 prsg.with lay shaft rear, 755, 557		
						T/1920303	Mandrel for Brg 6309N prsg.with inter. shaft front & rear		

							(557) & Front (755)		
						T/19 102 84	Common locator for clamping G1 hsg., All model except 241		
						T/19 102 85	Common dolley for Bottom Bearing Presssing in G1 hsg., All Model		
						T/19 202 64	Common mandrel for pressing Spacer ring & counter shaft in 241 G1 hsg.		
						T/19 102 69	Bottom locator for 242, 312, 364 model G1 Hsg		
	P 8	G1 Press 2			Hyd raul ic	T/19 102 75	Bottom locator for 380, 50HP & 755 model G1 Hsg. on Press-2	50-80kg/ cm^2	45 kg/c m^2
						T/19 202 76	Mandrel for pressing brg. 6209 in 380 G1 hsg. Inter. shaft bore middle wall, 380,485,47HP,DR		
						T/19 202	Mandrel for pressing brg. 6208 with lay		

						77	shaft-2 sub-assly. on G1 hsg top face, 380,485,47HP,DR		
						T/19 102 86	Bottom locator for gear holding on press, All model except 241		
	P 9	G1 Sub Assembly Press			Hydro-Pneu.	T/19 201 98	Mandrel for NRB 25x33x20 For 755 model (Reverse Gear)	50-80kg/ cm^2	80kg/ cm^2
						T/19 203 04	Mandrel for NRB 25x33x20 prsg. In reverse gear (Common-2mm), 557		
						T/19 102 82	G1 sub-assly press locator , All Model		
						T/19 202 83	COMMON MANDREL FOR 380, 50 HP INTERMEDIATE SHAFT ON S/A PRESS		
						T/10 300 1	Dolly for NRB DB 202616 pressing in Intermediate shaft, 242 / 312 / 364		

						T/10 300 6	Mandrel for pressing bearing 6208\2820 WRP, SW & 5660 Synchro		
						T/10 319 1	Guide for intermmediate shaft assembly (755) in G1 hsg		
						T/10 318 0	Mandrel for reverse gear NRB 25x33x20 psrg., 755		
						T/20 302 9	Mandrel for prsg bearing NUP 208 in Lay shaft, 241/ 242/312/ 364		
						T/10 316 1	Mandrel for dismantle bearing NUP 208 for lay shaft, small model		
						T/19 100 733	Reverse gear shaft dismentaling tool, all model		
						T/19 100 743	Lay shaft holding tool during assy (380)		
						T/19 201	NRB pressing mandrel for G1 housing, 241		

						384			
						T/19 201 48	NRB 25x33x20 psessing mandrel for reverse idler gear, DR model (South) & SW		
						T/19 101 78	Shift lever spring dowel pressing tool, 5150 Ind. Appli.		
						T/19 201 96	755 Primary shaft NRB 30x40x30 psrg. mandrel		
C T F	P 1 0	CTF sub-assly. 1st press	8	T o n n	Hyd raul ic	T/19 201 53	Mandrel for primary shaft bearing prsg. in CTF , 380-SW,480-SW (SC/DC	70-90kg/ cm^2	135k g/cm ^2
						T/19 201 54	Mandrel for lay shaft bearing 6208 prsg in CTF, 380-SW,480-SW (SC/DC)		
						T/19 201 57	Mandrel for pressing reverse gear shaft in CTF, 380-SW,480-SW (SC/DC)		
	P 1 1	CTF sub-assly. 2nd press	8	T o n	Hyd raul ic	T/19 201 55	Mandrel for pressing guide sleeve in primary shaft, 380-	30-50 kg/cm ^2	35kg/ cm^2

				n			SW,480-SW (SC/DC)		
						T/19 201 56	Mandrel for pressing guide sleeve in CM Gear, 380-SW,480-SW (SC/DC)		
						T/19 201 68	Guide sleeve oil seal 45x62x8 pessing mandrel , sw model	4-5kg/cm^2	N.A.
						T/19 201 89	CTF Guide sleeev 6208 & 6209 brg. pressing common tool, SW model		
	P 1 2	Guide sleeve sub-assly. press	5	Tonn	Hydro-Pneu.	T/10 309 5	Mandrel for brg. psrg. 6309N in intermediate shaft & 6208 in cm gear, all sw model		
						T/19 201 48	NRB 25x33x20 psessing mandrel for reverse idler gear, DR model (South) & SW	40-50kg/cm^2	50kg/cm^2
						T/19 201 70	Locator for reverse gear NRB pressing, sw model		
						T/19 101 65	CTF sub-assly. Fixture, SW model		

						T/19 101 66	Locator-1 for guide sleeve, sw model		
						T/19 101 67	Locator-2 for guide sleeve, sw model		
FD	P13	Oil-seal press machine	10	Tonn	Pneumatic	T/21 201 52	70x90x10 Oil Seal pressing mandrel Double Lip (For oil seal hsg.-South)	4-6 kg/cm^2	0.6mpa
						T/21 201 414	70x90x10 Oil seal pressing mandrel, Single lip (For oil seal hsg.-Normal), all big w/o south		
						T/21 201 424	70x90x10 Oil seal pressing mandrel, Double lip (For reduction cover), all small model		
						T/15 303 9	Reduction cover NRB pressing mandrel 312/ 241/ 242		
						T/21 201 85	70x90x10 Oil Seal Mandrels (Double lip) - Oil seal Hsg.		

							(242NF)		
						T/21 102 12	Locator for oil seal 70x90x10 hsg. -364		
						T/21 102 13	Locator for oil seal 70x90x10 hsg. - South/SW/Normal		
	P 1 4	Rim-bolt press machine	40	T o n n	Hyd raul ic	T/21 201 45	Mandrel for rim bolt press, all model	80- 150 kg/cm ^2	120k g/cm ^2
						T/21 201 49	Mandrel holder for rim bolt press, All model		
	P 1 5	Axle tube oil-seal and dowel press machine	8	T o n n	Hyd raul ic	T/15 310 9	Common mandrel for oil seal & outer race brg. 32211 , NORMAL\SW	70-90 kg/cm ^2	90kg/ cm^2
						T/15 308 9	Mandrel for pressing outer race bearing 32212, All Small/SW		
						T/21 101 46	Locating plate for big model (Normal), Big Model		
						T/21 201	Common mandrel for oil seal & outer race		

						84	brg. 32211- 242NF		
						T/2110211	Locator for rear shaft of dia 109 mm, Normal model		
						T/153034	Mandrel for pressing bearing 6212 C3 on axle tube(485) & F.D redn. coverprsg. for 242, 241/ 242/ 312		
						T/153033	Mandrel for pressing bearing 6211 C3 on rear shaft, 241/ 242		
	P16	FD big press machine	1	Tonn	Hydraulic	T/153088	Mandrel for pressing O race bearing 32212, sw model	90-110kg/cm^2	110kg/cm^2
						T/2110208	Locator for RG housing on pallet-1 for 364 model on 10 ton press		
						T/2110209	Locator for RG housing on pallet 2 for 364 model on 10 ton press (Two pieces)		
						T/2110214	Locator for RG housing on pallet 2 for 364 model on 10 ton		

							press (single piece)		
						T/15 301 8	Mandrel for 6212 C3 bearing in RG hsg., 241/ 242/ 364		
						T/21 200 844	Mandrel for prsg. Brg. 6211 in RG hsg , 241/ 242		
						T/10 306 2	Mandrel for rear axle pressing in RG Housing, 241/ 242/ 312		
	P 1 7	FD Dowel pressing press			Hyd raul ic	T/15 310 3	Mandrel for prsg. Oil seal 558013 in axle tube	oil seal - 15-25 bar, syste m press ure 150 bar, top dowel press ure 70-90 bar, botto	70kg/ cm^2

								m dowel pressure 50-70bar	
Diff	P18	Diff. sub-assly. press	10	Tonn	Hydraulic	T/103182	Mandrel & locator for pressing bearing 32211 'I' race on C.P. shaft	95-110kg/cm^2	105kg/cm^2
						T/18200833	Mandrel for pressing bearing in CP shaft, 241		
						T/103036	Mandrel for bearing 30213 'o' race prsg. & taper bearing ring both on LH/RH, big model		
						T/103120	Mandrel for pressing bearing 30213,6213 differential housing, all model		
						T/1820217	Mandrel for prsg. CP shaft for spacer missing pokayoke, 241		
						T/18200	Spacer for pressing bearing in CP shaft (I.D.-21mm), 242/		

					804	241/ 364		
					T/18 100 824	Locator for pressing bearing in CP shaft, all model		
					T/10 313 2 T/10 315 9	Locator for diff. hsg. on 10 tonn press, all model Crimping tool 241 nut		
					T/10 318 3	Dolly for pressing bearing in pinion 755		
					T/18 200 814	Spacer for pressing bearing in CP shaft (I.D.-25.3mm), big model		
P 1 9	Side/PTO cover sub-assly. press	5	T o n n	Hyd ro-Pne u.	T/19 202 02	Mandrel for side cover oil seal 40x60x13 pressing, 241, 242	70-100kg /cm^2	pto 88kg/ cm^2 , side cover 6 psi
					T/10 310 2	Mandrel for oil seal 18x30x7 prsg.on PTO guide bush, big model		
					T/10 301	Mandrel for oil seal 18x30x7 prsg. on guide bush, 241/ 242/		

						9	312/ 364		
						T/17 201 74	485 Ind. Application - side cover oil seal 41x62x11.9 pressing mandrel , 485 Ind. Appli.		
						T/19 100 624	Locator for 3 in 1 press m/c (Guide Bush), all model		
						T/19 101 99	Locator for PTO press - PTO shaft (Small Model)		
						T/19 201 94	PTO shaft brg. 6207 pressing mandrel, 485,380 MSPTO , 312P		
						T/19 102 03	Locator for 485 side shift side cover (Intermediate plate)		
						T/19 201 93	PTO shaft (stepped) locator, 485,380 MSPTO		
							pto shaft press		
P T	P 2	PTO press 1			Pne uma	T/19 200	Mandrel for PTO cover oil 35x56x10 seal pressing, all	4-6 kg/cm	5.4kg /cm^

O	0				tic	633	model	^2	2
						T/19 100 613	Fixture block-1 for hyd-pneu. pressing m/c, all model		
						T/10 312 1	Mandel for fittment of cap on G2 differntial lock bore, all model		
Brake	P21	Hi-Lo press			Hydraulic	T/19 102 29	Locator for Hi-low NRB-DL2820 at pokayoke press, All hydromatic	60-80 kg/cm ^2	75kg/ cm^2
Pre-Painting									
Engine sub-assly	P22	Clutch C-clamp removing press	250	Kg.	Pneumatic	No tool	No tool	4-6 kg/cm ^2	Gauge not working
Main line	P23	Clutch pedal sub-assly. press	300	Kg.	Pneumatic	No tool	No tool	4-6 kg/cm ^2	6kg/c m^2

FAS									
FAS Area	P24	RDA/5660 Hub sub-assly. press	16	Ton	Hydraulic	T/27 100 24	Pressing Ram for front wheel Hub	40-60kg/cm^2	70 kg/cm^2
						T/27 100 44	Hub Resting for front wheel Hub , all model		
						T/27 100 34	Ram Locator for front wheel Hub , all model		
	P25	Hub TRB press	8	Ton	Hydraulic	T/25 302 5	Mandrel for prsg. inner race of taper roller brg 32207 / 30305 on stub axle, all model	60-80kg/cm^2	75kg/cm^2
						T/27 100 13	Fixture for stub axle assly. (Small), 241 / 242		
						T/27 100 20	Fixture for stub axle assly. (All South)		
	P26	Stub-axle sub-assly. press	10	Ton	Hydraulic	FAS -04	Mandrel for pressing Seal make 5660	70-90 kg/cm ^2	Bearing & Oil
						T/25	Mandrel for pressing		

				n		302 0	oil seal 57x85x12 in wheel hub		seal- ???
						T/46 100 26	Common Hub Locator for 50HP,5660PS,557 & Harvester		
						T/46 100 27	Guide for bottom bearing of Hub in 50HP,5660PS,557 & Harvester		
						T/47 200 29	Mandrel for Hub pressing on stub axle, 5660PS,50HP,557 & Harvester		
						T/47 100 28	Fixture for stub axle assly. (Common-Higher HP), 5660PS,50HP,557 & Harvester		

4.3.7 Seleção da imprensa para o projeto:

Só foram selecionadas para o projeto as prensas cujas operações requerem uma vasta gama de pressões, que envolvem mais frequentemente a prensagem de vedantes de óleo e de rolamentos.

> Prensa do subconjunto da caixa da roda volante.

> G1 prima 1.

> G1 prima 2.

> Prensa do subconjunto G1.

> Guia de prensagem de subconjuntos de madeira.

> Máquina de prensagem de selo de óleo.

> Máquina de prensagem de vedantes de óleo e cavilhas para tubos de eixo.

> Prensa do subconjunto da tampa lateral\PTO.

> Imprensa Hub TRB.

> Prensa de subconjuntos do eixo de encaixe.

POKA-YOKE 4.4
ANEL DE FELTRO CENRALIZAÇÃO POKAYOKE

4.4.1 Introdução

O anel de feltro é usado para vedação de óleo na caixa de vedação de óleo. É feito de material macio, usado apenas para vedação de óleo de embalagem

4.4.2 Necessidade de centralização do anel de feltro Poka Yoke

1. Vedante de óleo 70*90* 10 pokayoke em falta para eliminação de falhas no vedante de óleo.

2. Vedante de óleo 70*90*10 eliminação de danos por salto.

3. Vedante de óleo 70*90*10 eliminação de encaixe incorreto do vedante de óleo.

4. Eliminação do corte do anel de feltro

4.4.3 Método atual

1. Operação de pressão manual por alavanca pneumática - possibilidade de falha do vedante de óleo.

2. Total de 5 ferramentas utilizadas na máquina de prensagem para cobrir todas as operações de prensagem de vedantes de óleo - possibilidade de utilização de uma ferramenta errada como processo manual, causando danos nos vedantes.

3. São utilizados dois tipos diferentes de vedantes de óleo: lábio simples e lábio duplo - há a possibilidade de uma instalação incorrecta.

4. A centralização do anel de feltro faz parte do processo de montagem - a atividade manual

pode provocar uma montagem incorrecta.

4.4.4 Conceção concetual

1) Não perturbámos nenhum processo existente

2) Estamos a confirmar novamente o encaixe correto do anel de feltro antes da montagem.

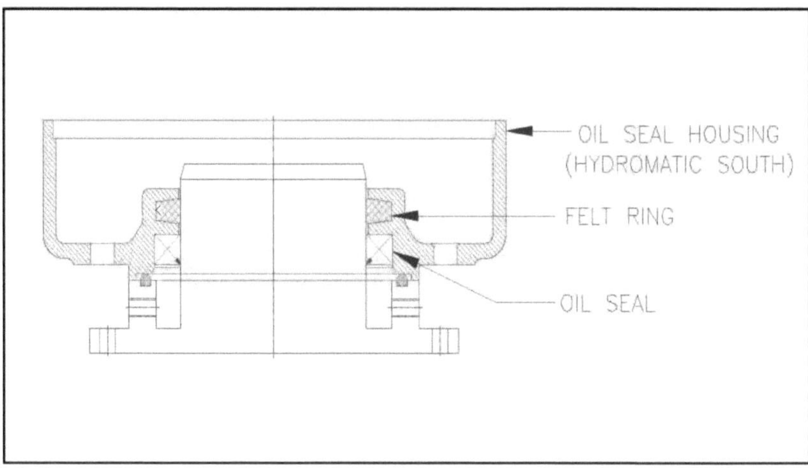

Fig. 4.10: Modelo sul

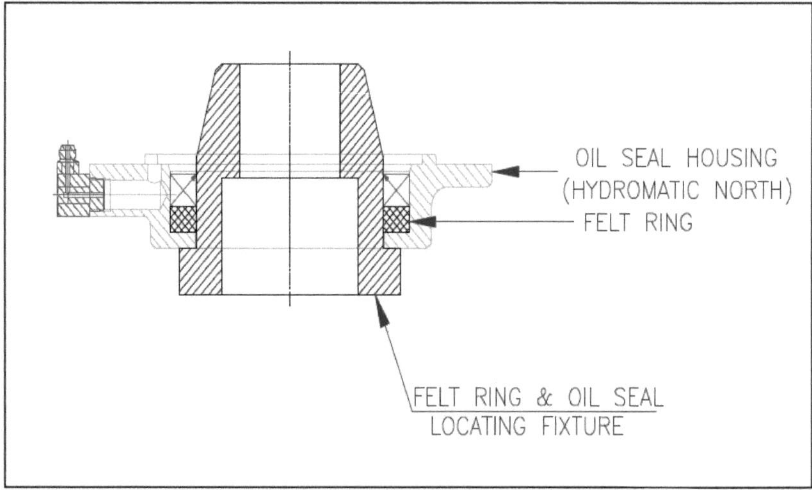

Fig. 4.11: Modelo norte

No modelo sul, existe uma ranhura de encaixe do anel de feltro, ver a secção transversal.

Antes da implementação

1. Anel de feltro da caixa de vedação do óleo A seleção do modelo é feita por método manual/visual.

2.Possibilidade de erro do operador devido a seleção manual .

3. Sem encravamento Para anel de feltro conforme o modelo

Fig 4.12: Localizador antes da implementação

Fig. 4.13: Localizador com caixa modelo sul

Fig. 4.14: Habitação nova

Após a implementação

1. A fixação permite a centralização do processo
2. Sensor fotoelétrico para detetar a presença/ausência de caixa de vedação de óleo
3. Bloqueio da pistola de ar PLC
4. Tempo previsto para a centralização 60 seg.

Fig. 4.15: Nova instalação para centralização

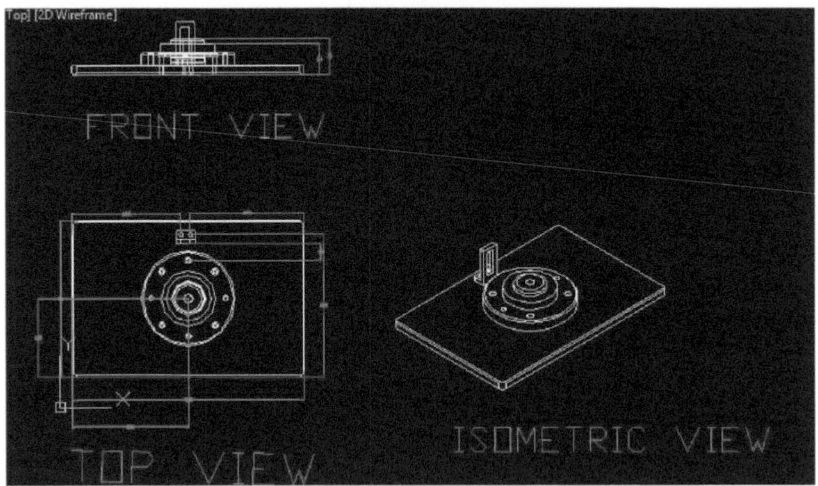

Fig. 4.16: Desenho de fixação para centralização

Fig. 4.17: Embalagem da caixa

POKA YOKE: 4,5

ÓLEO DO FILTRO DE AR E ÓLEO DO MOTOR FALTA POKAYOKE

4.5.1 Antes da implementação

1. O operador esquece-se de encher de óleo o filtro de ar (sem encravamento).

2. Foram detectadas reclamações em falta do cliente e do PDI.

3. A falta de enchimento de óleo leva a uma combustão incorrecta que provoca um ruído intenso.

4. Possibilidade de falha de óleo devido a uma disposição incorrecta.

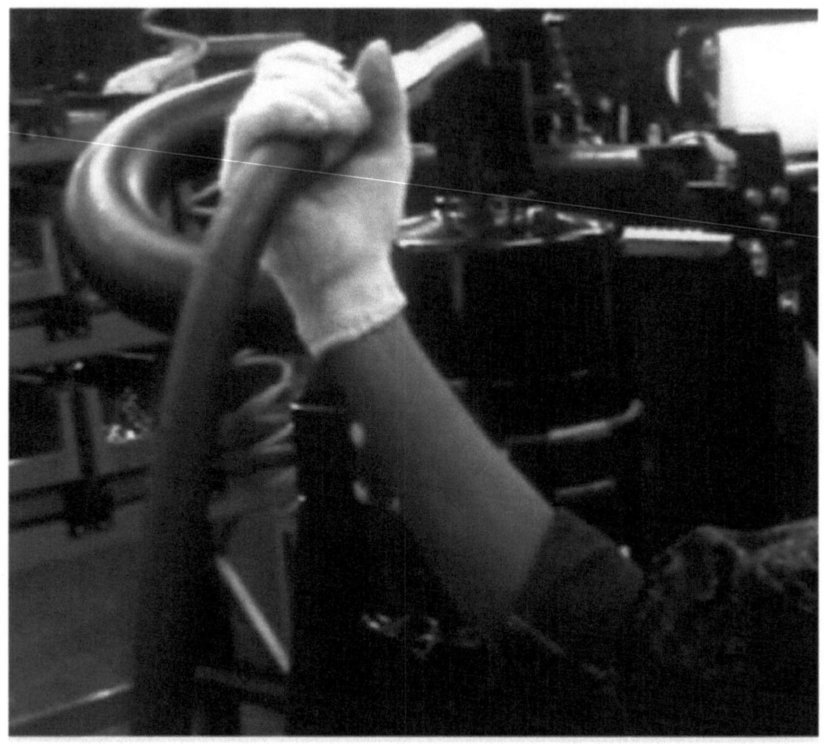

Fig 4.18: Enchimento de óleo do filtro de ar no filtro de ar sem interrutor de fim de curso

Fig. 4.19: Estação de enchimento de óleo do filtro de ar

4.5.2 após a implementação:-

1. Interruptor de fim de curso do bico previsto e bloqueado com luz e sinal sonoro.
2. Sirene fornecida
3. 100% de eliminação em falta efectuada.

Fig. 4.20: Enchimento de óleo do filtro de ar com interruptor de limite

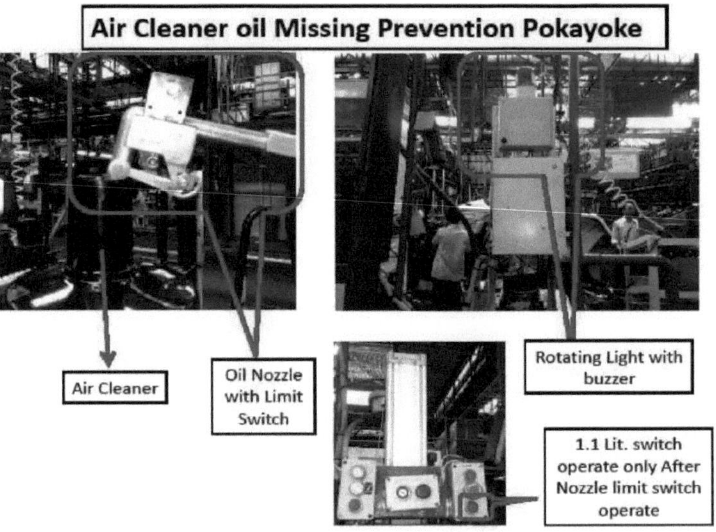

Fig 4.21: Enchimento de óleo do filtro de ar com interruptor de fim de curso Operações

CAPÍTULO 5

RESULTADOS E DEBATES

5.1 Introdução

A metodologia que foi discutida no capítulo anterior foi aplicada aos diferentes problemas do jugo de poka e resolvida com êxito. Os resultados são muito convincentes, na medida em que ajudam a ultrapassar muitas das subcausas e causas profundas. Este capítulo analisa os resultados obtidos com a técnica poka yoke. As causas de raiz que foram encontradas utilizando o erro foram abordadas neste capítulo e foram sugeridas soluções.

5.2 Económico

Engenharia de valor - Análise de custos

Variantes do Norte (vedante de óleo 70*90*10-lábio simples)

Quadro 5.1 Taxa de produção

Mês	Modelo	Produção
junho a outubro de 2014	333	3173
junho a outubro de 2014	380	958
junho a outubro de 2014	368	1768

Nº total de tractores produzidos 4 meses=5899

Número médio de tractores produzidos /Mês=5899/4=1180

> Vedante de óleo de lábio duplo 96150354 - 43,72 Rs.

> Vedante de óleo de lábio único 93627986 -- 39.73 Rs.

> Diferença de custo entre salto simples e salto duplo: 43,72-39,73 = 3,99 Rs

> 2 vedantes de óleo necessários para um trator

> Custo de 1 trator 2*4=8 Rs

> 8 Rs Por trator

> Custo de poupança por mês 8*1180= 9440 Rs.

> Custo de poupança por ano 9440*12=113280 Rs.

Numa melhoria através da técnica de pokayoke num posto de trabalho, o montante da poupança (113280 Rs.)

5.3 Melhoria da área de transmissão de junho a outubro de 2014

5.3.1 Qualidade

Quadro 5.2: análise da qualidade

		Linha G2		Linha G1		Linha FD	
S.n.		de	para	De	para	de	Para
1.	PPM Instalação incorrecta de peças, amolgadelas e danos, martelagem (Tudo Incluído Linha + Testes + Teste de Estrada + PDI + Campo)	600	532	1000	924	1400	1223
2.	Eliminação de defeitos em 4 meses	36	27	480	312	84	61
3.	N.º de martelagem Sopros / montagem	42	34	62	35	62	42
4.	Pokayoke para a detenção de defeitos em nos/assemlby	2	5	0	6	0	3

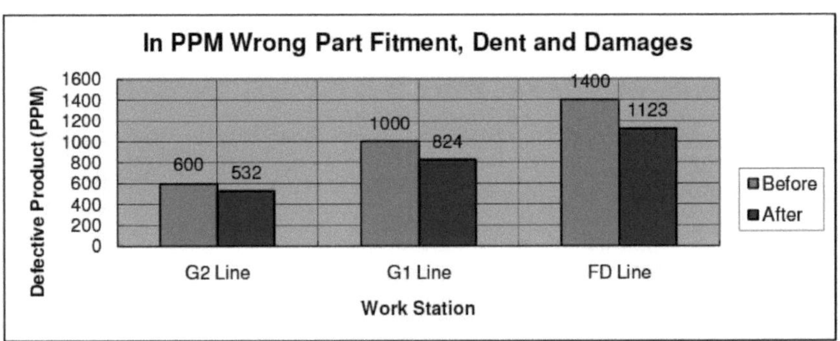

Fig. 5.1: Peça mal encaixada/dentada

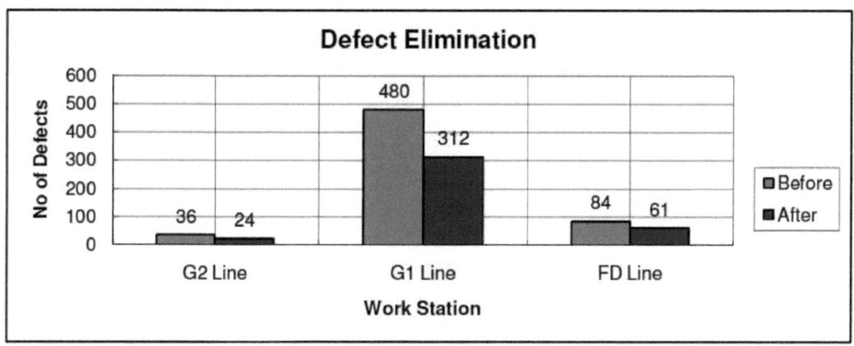

Fig. 5.2: Eliminação de defeitos

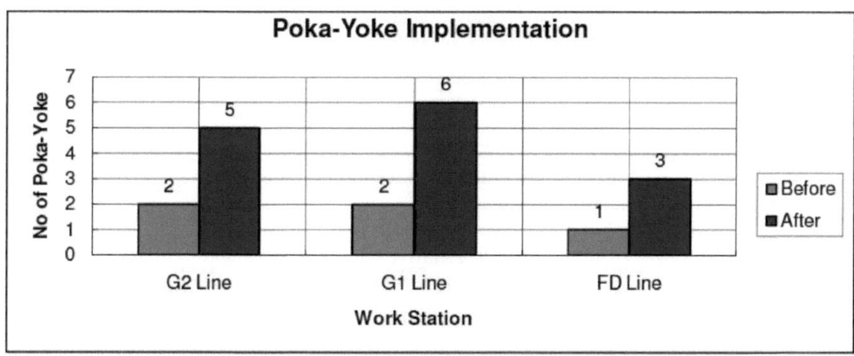

Fig. 5.3: Implementação do Poka-Yoke

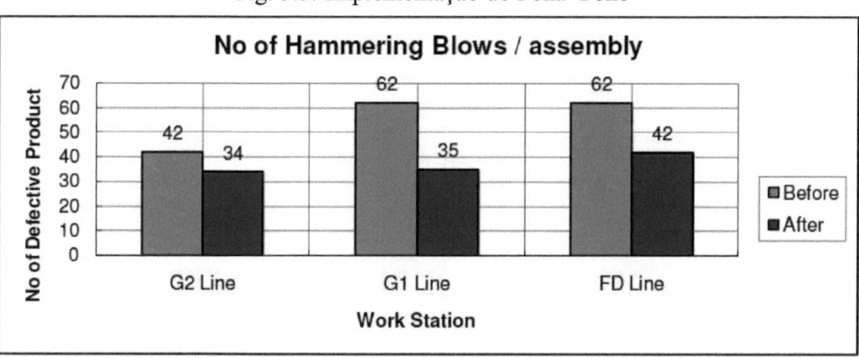

Fig. 5.4: Número de golpes de martelo / montagem

5.3.2 Produtividade (poupança de tempo)

Tabela 5.3: Análise da produtividade

		Linha G2		Glline		Linha CTF	
S.n.		de	Para	de	para	de	Para
1.	Manu. Redu. em seg / Assy	321	298	431	412	482	431

Tabela 5.4: Análise da produtividade

		Linha FD		FLYWHEEL		ADDC	
S.n.		de	para	de	para	de	Para
1.	Manu. Redu. em seg / Assy	623	600	534	510	540	500

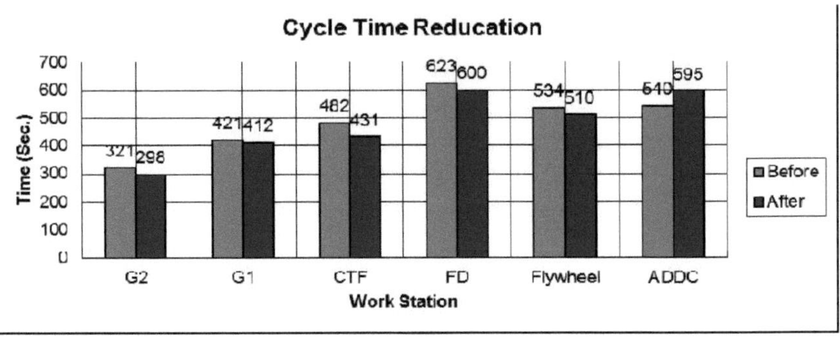

Fig. 5.5: Redução do tempo de ciclo

5.3.3 Economia de espaço

Quadro 5.5: Análise do espaço

		Linha G1		Linha FD		Volante do motor	
s.no		De	Para	De	Para	De	Para
1	Área em metros quadrados	55	50	90	84	40	35

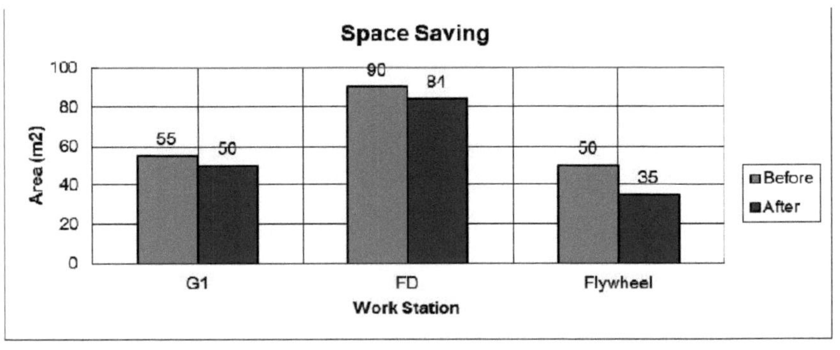

Fig. 5.6: Economia de espaço

5.3.4 Redução do movimento do homem

Quadro 5.6: Análise da redução dos movimentos de pessoas

G2	G2	Linha FD	ADDC

s.no		De	Para	De	Para	De	Para	De	Para
1	Redução do movimento humano	34	15	40	35	6	3	3	0

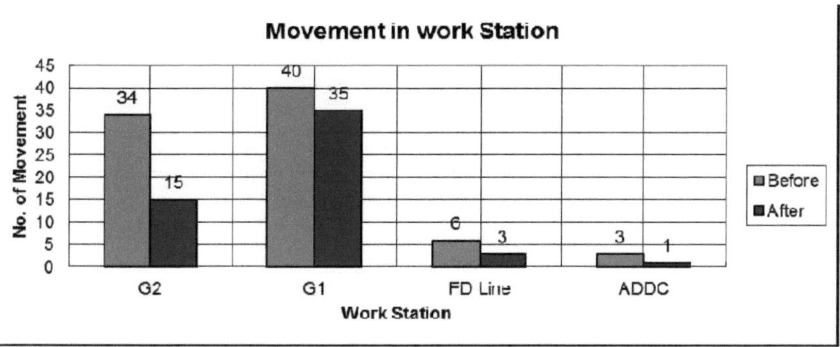

Fig. 5.7: Movimento no posto de trabalho

5.3.5 Segurança

Quadro 5.6: Melhorias na segurança

		G2		G1		Linha FD		RODA VOADORA	
s.no		De	Para	De	Para	De	Para	De	Para
1.	Instalação da ELCB	2	4	0	0	0	1	0	0
2.	Instalação do sensor de cortina de luz de segurança	1	2	0	2	1	3	0	2
3.	Segurança de duas mãos	2	5	1	4	2	5	1	5

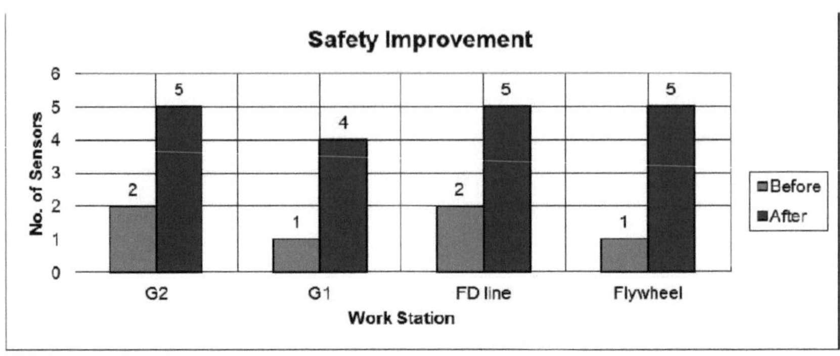

Fig. 5.8: Melhoria da segurança

5.4 Conclusão

> Ao utilizar a técnica de pokayoke, a redução do produto defeituoso na linha G2, G1 e FD é de 11,33%, 17,6% e 19,7%, respetivamente.

> Após a implementação da técnica de pokayoke, o número de defeitos eliminados nas linhas G2, G1 e FD é de 33,3%, 35% e 27,3%, respetivamente.

> A utilização da técnica pokayoke reduziu o número de golpes de martelo por montagem nas linhas G2, G1 e FD em 19,04%, 43,55% e 32,25%, respetivamente.

> Redução do tempo de ciclo na linha de montagem através da utilização da técnica pokayoke cerca de 15-20%.

> A poupança de espaço na linha de montagem em diferentes postos de trabalho, como G1, FD e linha de volantes, é de 9,09%, 6,67% e 30%, respetivamente

CAPÍTULO 6

REFERÊNCIAS

6. Referências

[1] Ahmed, S., Hassan, M., Taha, Z., (2014), Estado de implementação do TPM em SMIs: um estudo de pesquisa na Malásia,, Journal of Quality in Maintenance Engineering, Vol.10 No.2, pp. 93-106.

[2] Ahuja I.P.S., Khamba, J.S., (2013), Total productive maintenance: Literature review and *diretions,Inte rnational Journal of Quality and Reliability Management, Vol.25* No.7, pp. 709-756.

[3] Al-Najjar,B. (2013), Total quality maintenance : an approach for continuous reduction in costs of quality *Journal of Quality in Maintenance Engineering,* Vol. 2 No.3 , pp 4-20.

[4] Bamber,C.J.,Sharp,J.M. and Hides,M.T. (2012), Factors affecting successful implementation of total productive maintenance :a UK manufacturing case study, *Journal of Quality in MaintenanceEngineering,* Vol. 5 No.3, pp. 162-81.

[5] Ben-Daya, M.,Duffua, S.O., (2012), Maintenance and quality: the missing link , *Journal of Quality in Maintenance Engineering*, Vol. 1 No. 1, 2012,pp. 20-26.

[6] *Adnan Hj. Bakri et al. /Procedia - Ciências Sociais e do Comportamento 65 (2012) 485 - 491*

Hartmann, E.H. (1992), *Successfully Installing TPM in Non-Japanese Plant: Total Productive Maintenance,* TPM Press Inc., Londres.

[7] Blanchard, B.S (2011), An enhanced approach for implementing total productive maintenance in the manufacturing environment, *Journal of Quality in Maintenance Engineering*, Vol.3 No.2, pp. 69-80.

[8] Karlsson, C., Âhlstrom, P., (2011), Assessing changes towards lean production, *International Journal Of Operations & Production Management,* Vol. 16 Iss: 2 pp. 24 - 41

[9] Cua,K.O.,McKone,K,E.,Schroeder,R.G., (2010), Relationships between implementation of TQM, JIT,and TPM and manufacturing performance, *Journal of Operations Management*, 19(6),pp. 675-694.

[10] Hedelind,M., Jackson,M., (2011), How to improve the use of industrial robots in lean manufacturing systems , *Journal of Manufacturing Technology Management,* Vol. 22 Iss: 7 pp. 891 - 905.

11]Hofer, A.R., Hofer, C., Eroglu, C., e Waller, M.A., (2011) , An Institutional theoretic perspective on forces driving adoption of lean production globally : China vis-à-vis the USA, *The International Journalof Logistics Management,* Vol.22 Iss: 2 pp. 148-178.

[12] Konecny,P.A.,Thun,J.H.,(2011), Do it separately or simultaneously An empirical analysis of a conjoint implementation of TQM and TPM on plant performance, *International Journal of Production Economics,* Vol. 133, pp. 496-507.

[13] Cooney, R., (2010), Is "lean" a universal production system? Batch production in the automotive Industry , *International Journal of Operations & Production Management,* Vol. 22 Iss: 10 pp. 1130 -1147.

[14] Enkawa, T. e Schvaneveldt, S.J. (2010), Just-in-time, lean production, and complementary paradigms, in Salvendy, G. (Ed.), *Handbook of Industrial Engineering,* 3rd ed., Wiley, New York, NY, pp. 554-61.

[15] Graisa,M., Al-Habaibeh, A.,(2010), An investigation into current production challenges facing the Libyan cement industry and the need for innovative total productive maintenance (TPM) strategy, *Journal ofManufacturing Technology Management,* Vol. 22, No.4, pp.541-558.

[16] Salah,S., Abdur Rahim, Juan A. Carretero, (2010), The integration of Six Sigma and lean management, *International Journal of Lean Six Sigma*, Vol. 1 No: 3 pp. 249 274.

[17] Eti, M.C.,Ogaji,S.O.T.,Robert,S.D., (2009), Implementing total productive maintenance in Nigerian manufacturing industries, *Applied Energy* , Vol 79, pp 385401.

[18] Evans, J.R., Lindsay, W.M. (2009), *An Introduction to Six Sigma & Process Improvement*, Thompson South Western.

[19] Finlow-Bates,T., Visser,B., Finlow-Bates,C.(2009), An integrated approach to problem solving : linking K-T, TQM and RCA to TPM, *The TQM Magazine,* Vol.12, No.4, pp.284-289.

[20] Moayed, F.A., Shell, R.L., (2009), Comparison and evaluation of maintenance operations in lean versus non-lean production systems, *Journal of Quality in Maintenance Engineering*, Vol. 15 Iss: 3 pp. 285 -296

[21] Hofer, A.R., Hofer, C., Eroglu, C., e Waller, M.A., (2008) , An Institutional theoretic perspective on forces driving adoption of lean production globally : China vis-à-vis the USA, *The International Journalof Logistics Management,* Vol.22 Iss: 2 pp. 148-178.

[22] Pham,D.T., Pham,P.T.N., Thomas,A., (2008), Integrated production machines and systems - beyond lean manufacturing , *Journal of Manufacturing Technology Management,* Vol. 19 Iss: 6 pp. 695 711.

[23] Koh,H.C., Sim,K.L., Killough,L.N., (2004), The interaction effects of lean production manufacturing practices, compensation, and information systems on production costs: a recursive partitioning model .*Advances in Management Accounting,* Vol 12, Emerald Group Publishing Limited, pp. 115 135.

[24] Ireland,F.,Dale,B.G., (2001), A study of Total productive maintenance implementation, *Journal of Quality in Maintenance Engineering,* Vol.7 No.3,pp 183191.

[25] Madu, C.N (2000), Competing through maintenance strategy, *International Journal of Quality and Reliability Management* ,Vol. 17, No.9 pp 937-948.

[26] McKone,K.E.,Schroeder,R.G.,Cua, K.O., (1999), Total productive maintenance : a contextual view, *Journal of Operations Management* , Vol .17, pp 123-144.

[27] Chiesa V, Coughlan P, Voss C. Desenvolvimento de uma auditoria de inovação técnica.Journal of Production and Innovation Management 1996;13:105-36

[28] Jostes,R.S e Helms,,M.M. (1994),Total productive maintenance and its link to total quality management, *Work Study,* Vol.43 No.7, pp. 18-20.

[29] Monden, Y.,(1983) *Toyota Production Systems Practical Approach to Production Management*, Industrial Engineering and Management Press, Atlanta, GA.

[30] Nakajima, S (1988): *Introduction to TPM,* Productivity Press, Cambridge, MA.Ollila,

A.,Malmipuro,M (1999) , Maintenance has role in quality, *The TQM magazine,* Vol. 11, No.1 pp.17-21.

[31] Pham,D.T., Pham,P.T.N., Thomas,A., (1989), Integrated production machines and systems - beyond lean manufacturing , *Journal of Manufacturing Technology Management*, Vol. 19 Iss: 6 pp. 695 711.

[32] Hendrick H. (1989) Applying ergonomics to systems: some documented lessonslearned. Applied Ergonomics ;39:418-26.

Printed by Books on Demand GmbH, Norderstedt / Germany